David Brückner

# Measuring the power of convex lenses

## A practical investigation

GRIN Verlag

**Bibliografische Information der Deutschen Nationalbibliothek:**

Die Deutsche Bibliothek verzeichnet diese Publikation in der Deutschen Nationalbibliografie; detaillierte bibliografische Daten sind im Internet über http://dnb.d-nb.de/ abrufbar.



**Imprint:**


Druck und Bindung: Books on Demand GmbH, Norderstedt Germany
ISBN: 978-3-656-40568-9

**This book at GRIN:**

http://www.grin.com/en/e-book/207222/measuring-the-power-of-convex-lenses

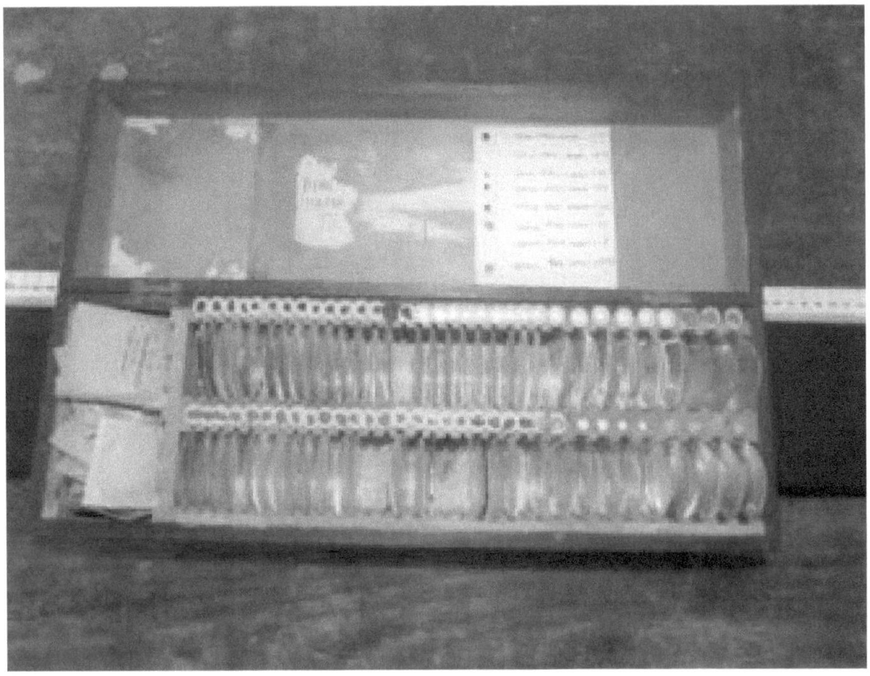

# MEASURING THE POWER OF CONVEX LENSES

David Brückner, LVI

Quality of Measurement Coursework 2011

OCR Advancing Physics AS

Lancing College

# TABLE OF CONTENT

# 1. Introduction and Theory

In this Quality of Measurement coursework the power of a set of convex lenses has been calculated from measured values of *u* (distance from object to lens) and *v* (distance from focussed image to lens) by using the lens equation.

The lens equation is rather simple: the incoming curvature plus the curvature added by the lens equals the curvature coming from the lens. Curvature in dioptres is calculated by taking the inverse of the distance from the source. The distance object-lens *u* must be negative, the distance image-lens *v* negative[1]. Therefore:

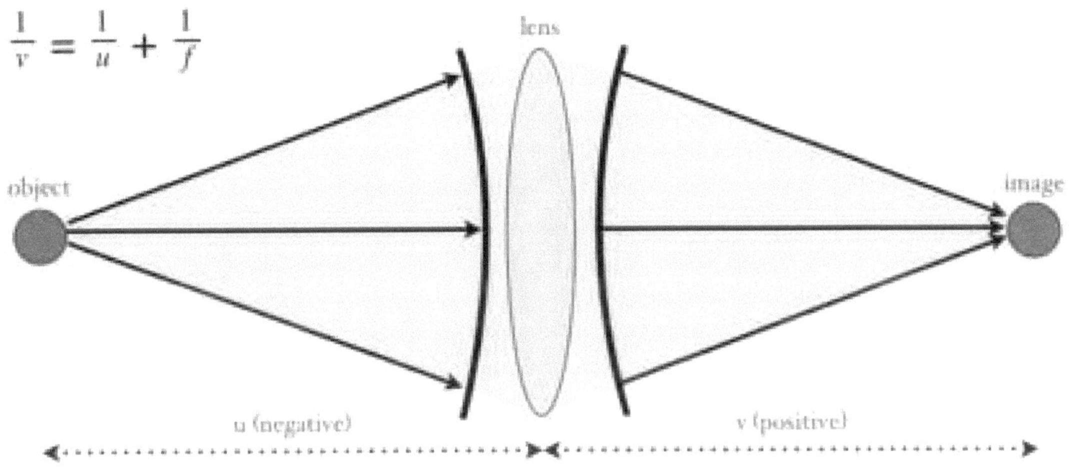


Figure 1: Diagram summing up the lens equation

Hence the power in dioptres can be calculated by taking the inverse of the focal length in metres.

## 2. Aim

I have been given a box of 54 lenses with different powers, marked with different colours. An overview is given in the table below:

| Colour | Amount | Codes given | Focal Length [cm] | Power [D] |
|---|---|---|---|---|
| Black | 13 | B1 - B13 | 10 | 10 |
| White | 15 | W1 - W15 | 15 | 6.7 |
| Red | 15 | R1 - R15 | 20 | 5 |
| Green | 3 | G1 - G3 | 25 | 4 |
| Blue | 3 | BL1 - BL3 | 30 | 3.3 |
| Orange | 4 | O1 - O4 | 5 | 20 |

[1] Dobson, Grace, Lovett: *Physics*, Collins Advanced Science, 1997

My aim was to verify these given values, to find an improvement of my measurements and then to use this method to find the power of the lenses with unknown powers in the box and assemble them to the colour groups.

## 3. Experimental Procedure

In all my experiments, I have worked with a fixed value of u and adjusted the position of the screen to give a focussed image to then measured the value of v. The value of u always had to be bigger than the focal length, otherwise it would give an imaginary picture (if *u* smaller than focal length) or focus at infinity (if *u* equals focal length).

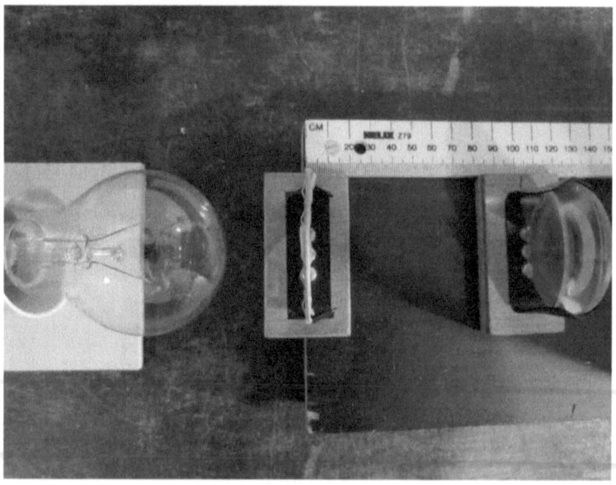

Figure 2: Set-up with lamp (filament bulb), image (an **L** shape on cardboard), optical board (with millimetre ruler) and lens.

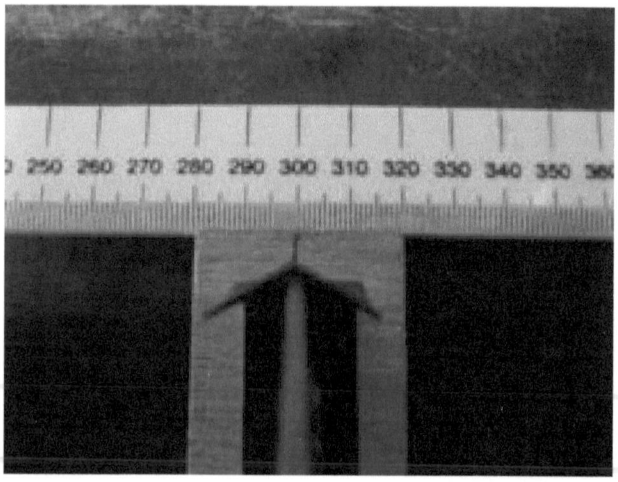


Figure 3: Lens at ruler, a black line in the middle of the lens holder made the reading easier and more accurate.

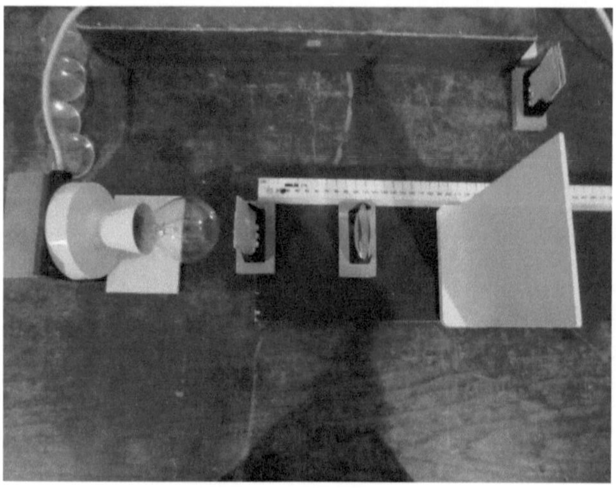

Figure 4: The image has been projected on a white wooden screen.

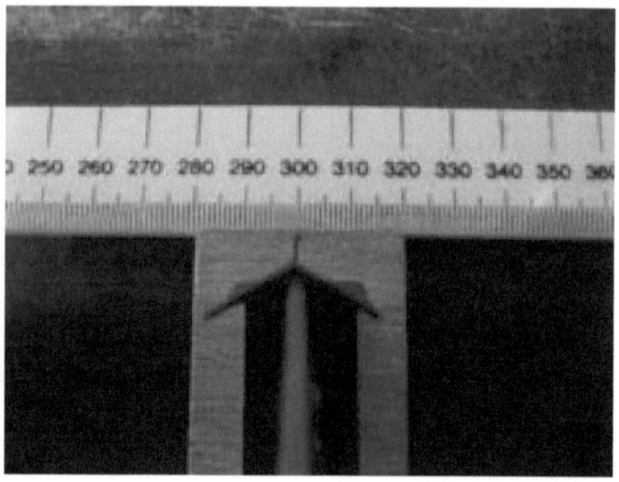


Figure 5: Screen at ruler, the reading has been taken from the left edge of the vertical board. (Reading: 21.6 cm).

For the object, I used a cardboard with an incised **L** with rough translucent paper glued behind it which made it easier to determine the focal point. An optical board (a wood rod with a 1.5 m ruler attached to it) has been used to measure the distances. Its scale is to the nearest millimeter, it has therefore an uncertainty of $\pm$ 0.05 cm.

For the precision of the results this is not the main source of uncertainty but the focal range. When trying to find the focal point, it is sometimes not possible to determine one single point where the image is focussed but a range of values within which it can be said that the image is focussed. To reduce this source of uncertainty in the second experiment was my aim after having discovered it in the first experiment. The uncertainty produced by the limited resolution of the ruler can be neglected for now as it is very small and a ruler with higher precision was not available. It will be discussed again in the conclusion.

### 3.1. First Experiment

At first, I measured one single value for each lens in the box and then calculated its focal length and its power. Then, I decided to take three more measurements for each lens so that I would have four values which I could then average and hence improve the reliability of my results. Moreover, I found the minimum and maximum measured value for each lens and hence calculated the minimum and maximum focal length and power for use in error bars on my diagrams.

### 3.2. Second Experiment

During my first Experiment, I noticed that if the value of *v* is large, there is a range of distances where the image could be said to be focussed. Instead of taking four rather random values within this range, I have decided to exactly determine this range with different values of u and observe wether there is a change in the uncertainty. If my assumption was true, an exacter value of the focal length and power could be obtained (see section 5.3).

Additionally, I measured the image height each time to be able to calculate the magnification. For this, I used a vernier calliper. It measures to the next hundredth of a centimeter so it has an uncertainty of $\pm$ 0.005 cm. By multiplying the hence calculated value of the magnification by the given value of u, I could determine an expected value of v.

## 4. Results

### 4.1 Calculations

To calculate the focal length, the lens equation can be rearranged.

$$\frac{1}{v} = \frac{1}{f} + \frac{1}{u}$$

To make it easier, a positive value of u can be used if the the inverse of *u* is negated.

$$\frac{1}{v} = \frac{1}{f} - \frac{1}{u}$$

Now, the equation will be rearranged for the inverse of *f*.

$$\frac{1}{f} = \frac{1}{v} + \frac{1}{u}$$

Taking inverses on both sides.

$$f = \frac{1}{\frac{1}{u}+\frac{1}{v}}$$

I have used this formula to find the focal length with a given value of *u* and a measured value of v.

$$f = \frac{uv}{u+v}$$

It may also be written this way by multiplying by (uv), but to keep it simpler, I will continue to use the way of writing it like above.

$$f_{MIN} = \frac{1}{\frac{1}{u} + \frac{1}{v_{MIN}}}$$

$$f_{MAX} = \frac{1}{\frac{1}{u} + \frac{1}{v_{MAX}}}$$

As I have taken several measurement or recorded a range of possible values of *v*, the formula can be used to calculate the maximum and the minimum for the focal length.

From the value of the focal length, I could calculate values for the Power, P in dioptres.

$$P = \frac{1}{f}$$

The Power in dioptres is the inverse of the focal length in metres.

$$P = \frac{100}{f\,[cm]}$$

As the focal length has been recorded in centimetres, the inverse has to be multiplied by 100.

$$P_{MAX} = \frac{100}{f_{MIN}\,[cm]}$$

$$P_{MIN} = \frac{100}{f_{MAX}\,[cm]}$$

As before, a value for the maximum and minimum power can be calculated.

Additionally, I have measured the object and image height to obtain a value for the magnification and hence to be able to calculate an expected value for *v*.

$$m = \frac{\text{image height}}{\text{object height}}$$

The magnification can be calculated by dividing the image height by the object height where the two heights have to have the same units so they cancel.

$$m = \frac{v}{u}$$

Another way of calculating the magnification is to divide *v* by *u*, again the units need to be the same.

$$v = m \times u$$

This can be rearrange to find *v*.

To find averages and measures of spread, I have used the following statistical methods:

$$\mu = \frac{\Sigma x}{n}$$

To find the mean, the sum of the values to be averaged is divided by the amount of values.

$$\sigma = \sqrt{\frac{\Sigma x^2}{n} - \mu^2}$$

The standard deviation is given by the square root of the difference of the sum of the squared values over the amount of values and the mean squared.

$$P_{MEAN} - P_{MIN}$$

Absolute negative error for the Power

$$P_{MAX} - P_{MEAN}$$

Absolute positive error. This can be done for *v* as well.

I will show my calculation for the first experiments with the help of the example B1.

$$21.5, 21.2, 21.6, 20.6$$

Measured values for *v* for B1, $u = 20.0$ cm

$$\mu = \frac{\Sigma x}{n} = \frac{21.5 + 21.2 + 21.6 + 20.6}{4} = 21.2$$

Calculating the mean.

$$v_{MIN} = 20.6, v_{MAX} = 21.6$$

Finding the minimum and maximum value.

$$f_{MIN} = \frac{1}{\frac{1}{u} + \frac{1}{v_{MIN}}} = \frac{1}{\frac{1}{20} + \frac{1}{20.6}} = 10.15$$

$$f_{MAX} = \frac{1}{\frac{1}{u} + \frac{1}{v_{MAX}}} = \frac{1}{\frac{1}{20} + \frac{1}{21.6}} = 10.38$$

$$f_{MEAN} = \frac{1}{\frac{1}{u} + \frac{1}{v_{MEAN}}} = \frac{1}{\frac{1}{20} + \frac{1}{21.2}} = 10.30$$

The minimum, maximum and mean value for the focal length can now be calculated.

---

$$P_{MIN} = \frac{100}{f_{MAX}} = \frac{100}{10.38} = 9.63$$

$$P_{MAX} = \frac{100}{f_{MIN}} = \frac{100}{10.15} = 9.85$$

$$P_{MEAN} = \frac{100}{f_{MEAN}} = \frac{100}{10.30} = 9.71$$

Hence, the maximum, minimum and mean Power can be calculated.

---

$$P_{MEAN} - P_{MIN} = 9.71\text{-}9.63 = 0.08$$

$$P_{MAX} - P_{MEAN} = 9.85\text{-}9.71 = 0.14$$

The absolute positive and negative error can be thus calculated. They are used for the error bars in the diagrams.

---

$$v_{MEAN} - v_{MIN} = 21.2 - 20.6 = 0.6$$

$$v_{MAX} - v_{MEAN} = 21.6 - 21.2 = 0.4$$

The same procedure as above is used for the values of v.

## 4.2 First Experiment

The diagrams show the measured value of *v* and the value of P with respect to the lens number. The error bars show the $P_{MAX}$-$P_{MEAN}$ on the positive end and $P_{MEAN}$-$P_{MIN}$ on the negative end on the power diagrams and $v_{MAX}$-$v_{MEAN}$ on the positive end and $v_{MEAN}$-$v_{MIN}$ on the negative end on the diagrams showing the values of v.

For all colours, the y-axis has a range of 1D, apart from the black lenses because of the high fluctuation of values. The diagram for the values of v has a range of 30 cm on the y-axis.

The data tables and an explanation to them can be found in the Appendix.

1. Black Lenses

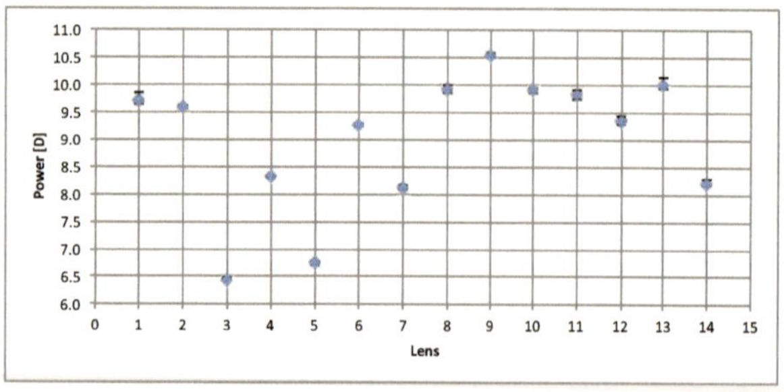


Diagram 1a: The y-axis has a range of 5D. On this diagram there clearly are some outliers, lens 3 and 5 that should be in the white group.

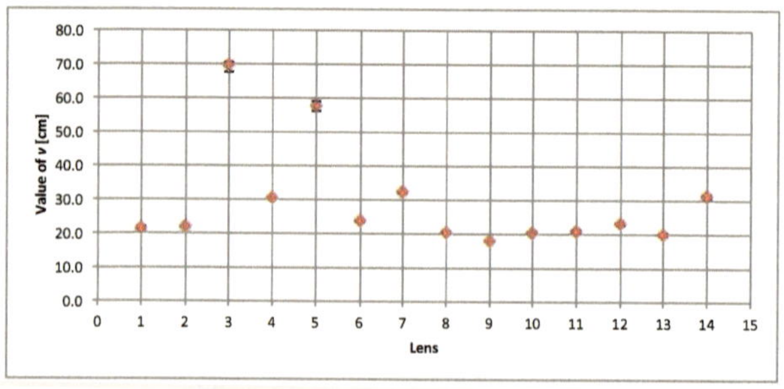


Diagram 2a: The y-axis has a range of 80cm. Again, the outliers can be identified quickly.

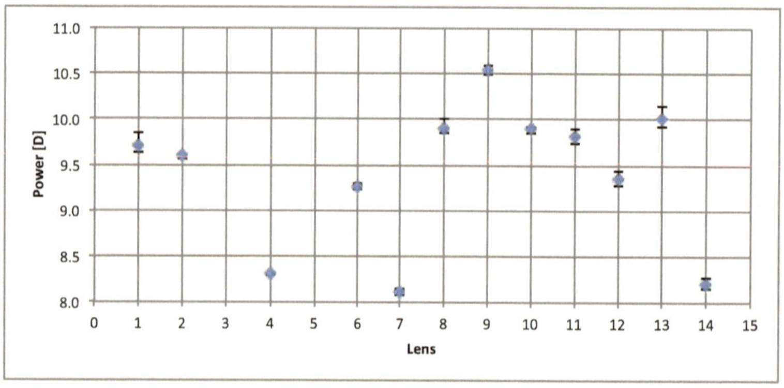


Diagram 1b: The outliers B3 and B5 are now removed and the y-axis now has a range of 3D. There is still much fluctuation. Lens B4, 7 and 14 are very much below the specified power in the box but cannot be assembled to other groups.

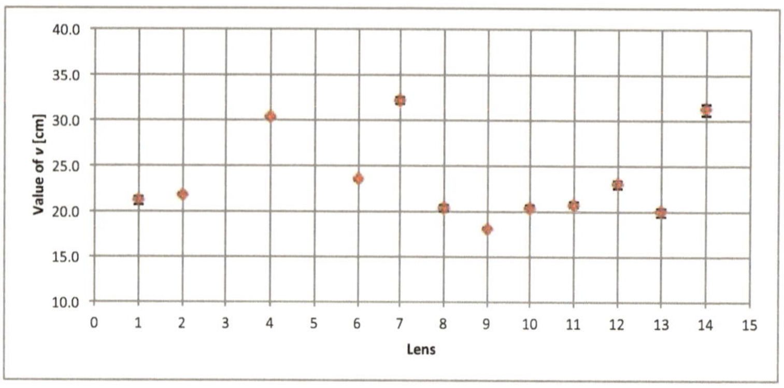


Diagram 2b: The y-axis has now a range of 30 cm.

## 2. White Lenses

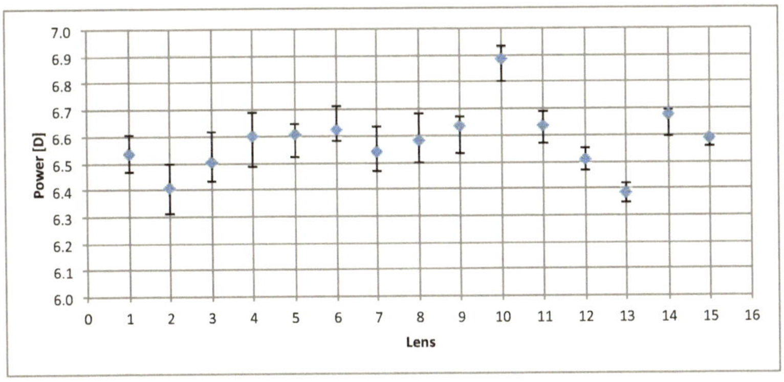


Diagram 3: The y-axis has a range of 1D, therefore the error bars appear much larger than on the diagram for the black lenses. Here there are no outliers, lens W10 however has a slightly higher power than the others.

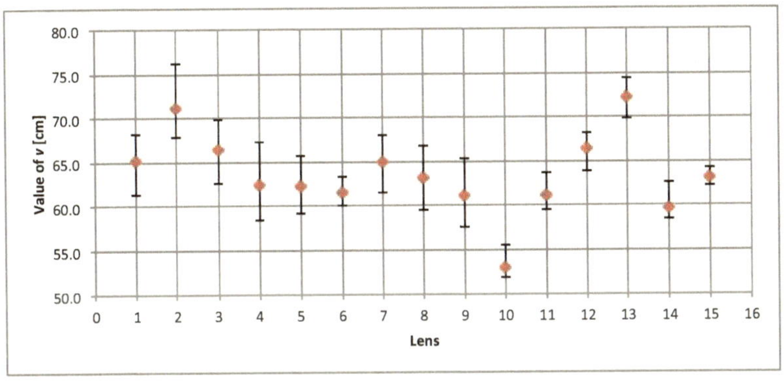


Diagram 4.

## 3. Red Lenses

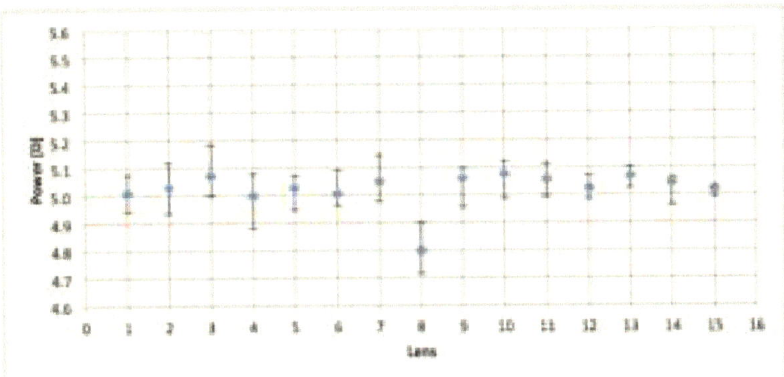

Diagram 5: Lens R8 has a power slightly below the average but as the error bars are quite large, it may well be that this due to uncertainty.

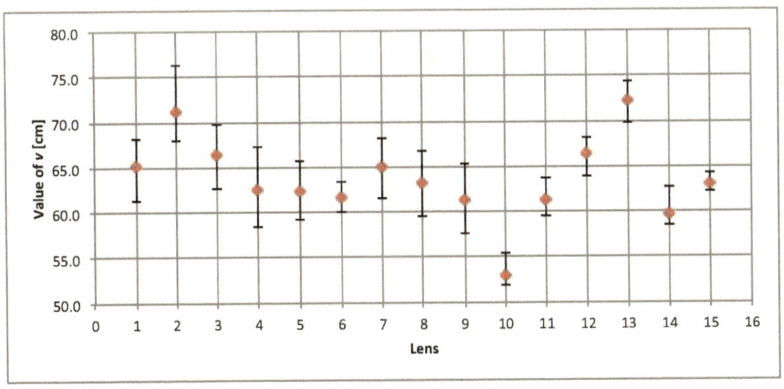


Diagram 6.

4. Green Lenses

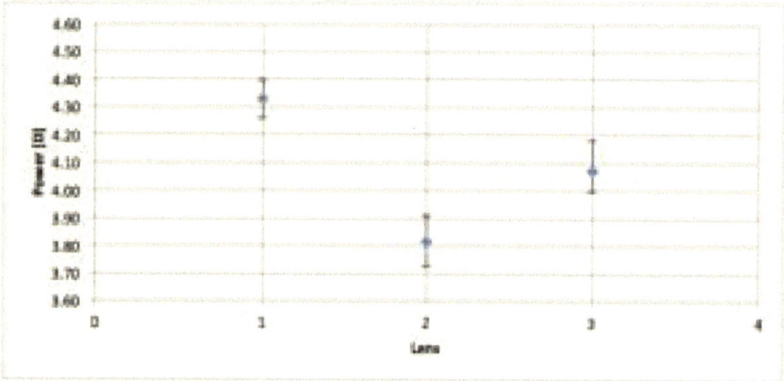


Diagram 7: Only three green lenses were in stock.

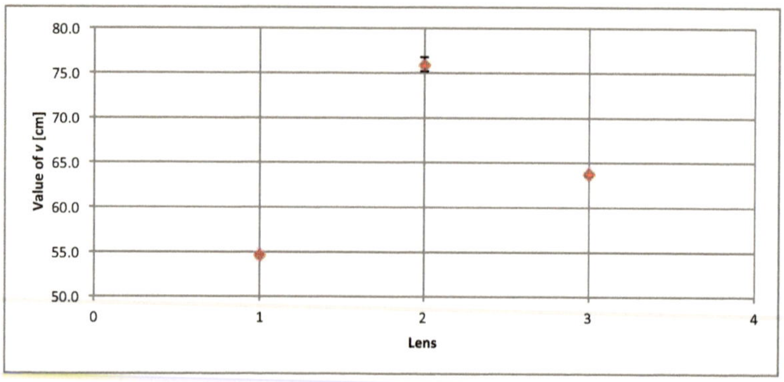


Diagram 8.

5. Blue Lenses

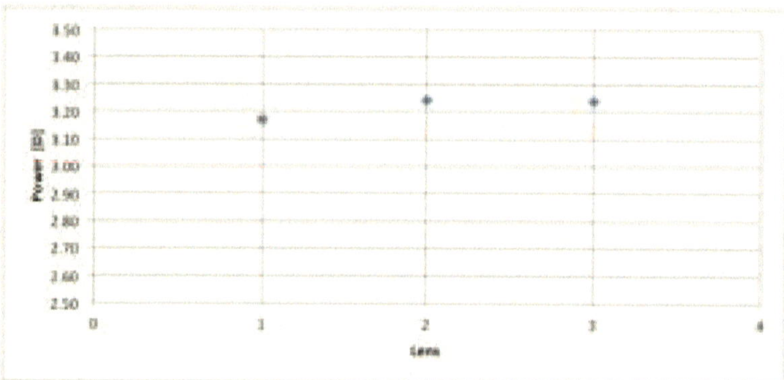


Diagram 9: Again, only three lenses were available.

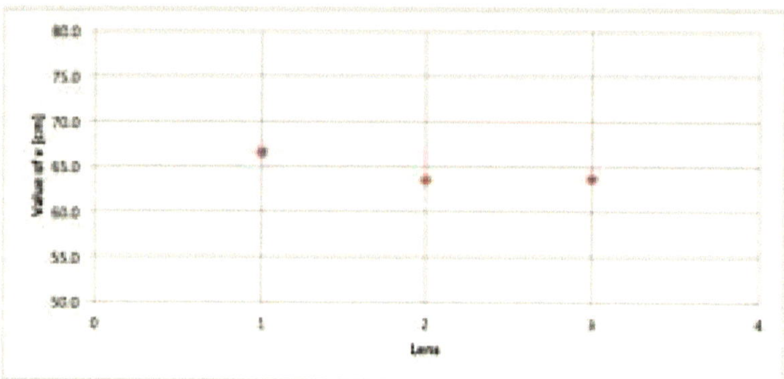


Diagram 10.

6. Orange Lenses

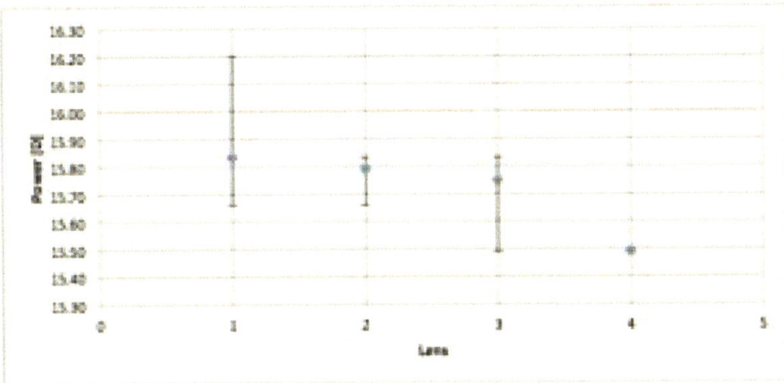


Diagram 11: The power given on the list is 20D, so these results are far off. This case will be discussed in section 5.2.

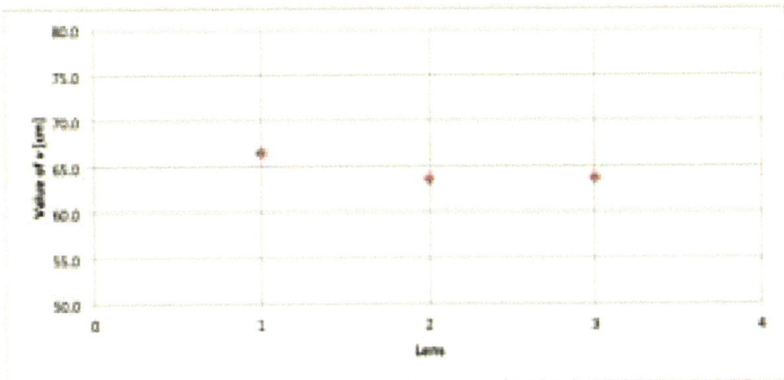


Diagram 12.

## 4.3 Second Experiment

The diagrams show the power in dioptres with respect to the given value of u in the measurement. The error bars show the absolute positive error $P_{MAX}$-$P_{MEAN}$ on the positive end and the absolute negative error $P_{MEAN}$-$P_{MIN}$ on the negative end.

The data tables and an explanation to them can be found in the Appendix.

1. Black Lenses

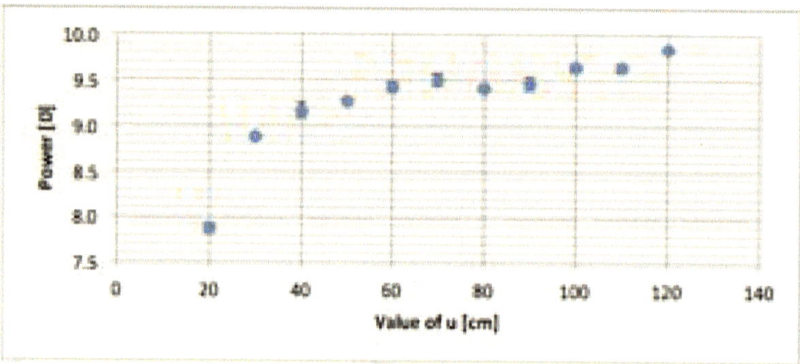


Diagram 13: Lens B1. The y-axis in all four diagrams here has a range of 2.5 cm. The value of u ranges from 20 up to 120 cm. It is remarkable that all four lenses show the same pattern. This is an example of varying systematic bias (see section 5.2).

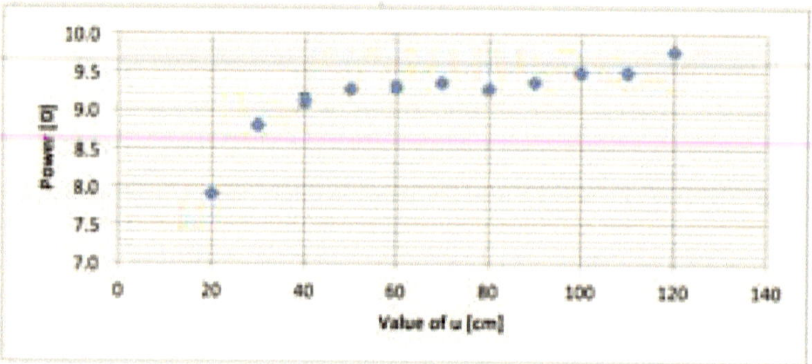


Diagram 14: Lens B2.

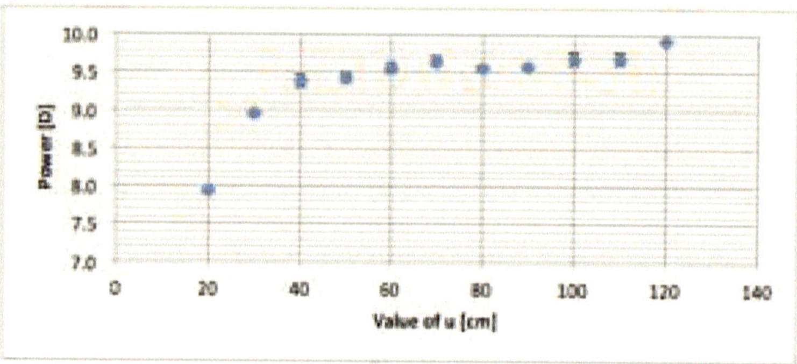


Diagram 15: Lens B8. I have not worked with lens B3 because it should be in the white group. I have used lenses which were close to the in the box specified power.

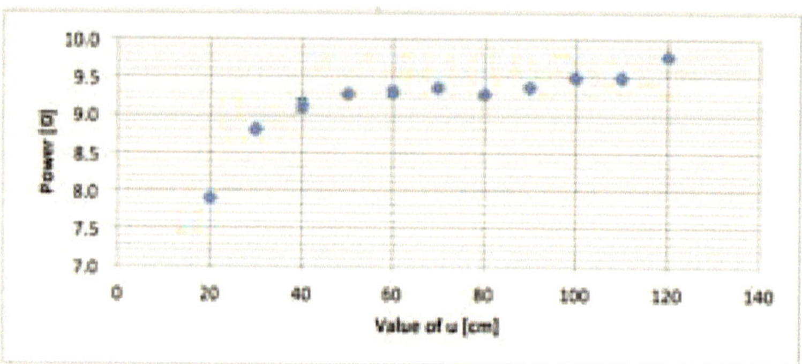


Diagram 16: Lens B10.

2. Red Lenses

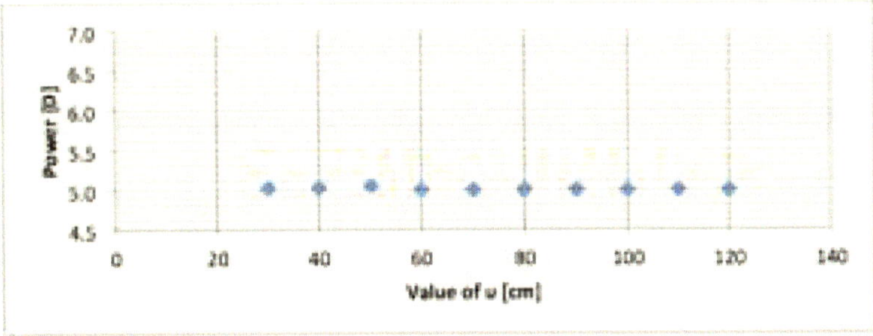


Diagram 17: Lens R1. Here, the fluctuation is very low and the uncertainty bars are minuscule.

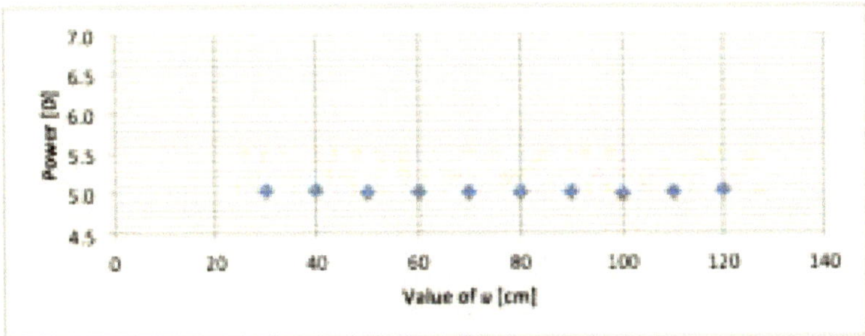


Diagram 18: Lens R2.

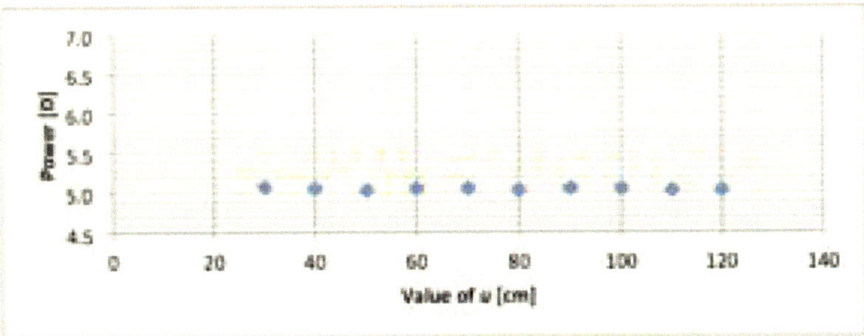


Diagram 19: Lens R3.

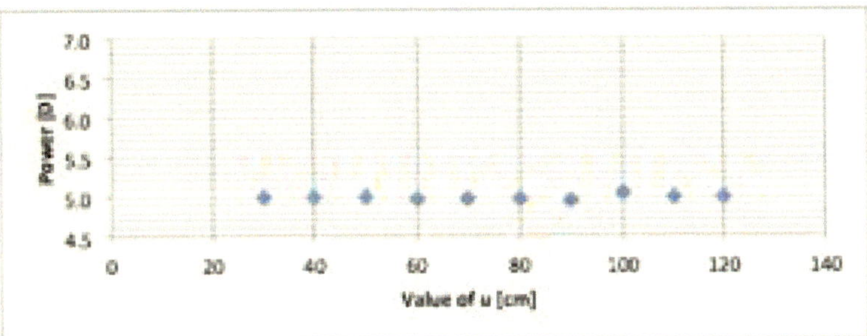


Diagram 20: Lens R4.

3. Orange Lenses

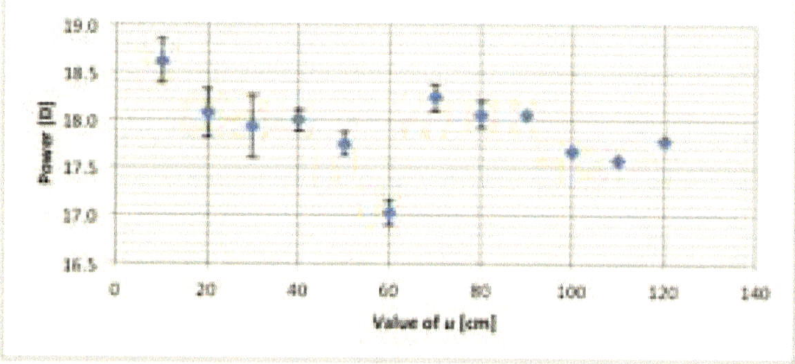


Diagram 21: Lens O1.

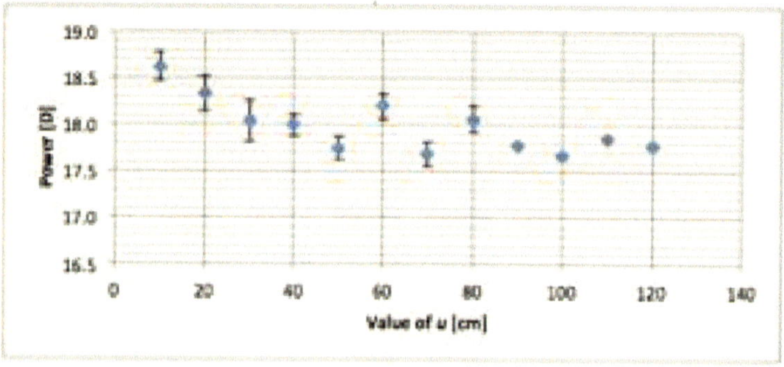


Diagram 22: Lens O2.

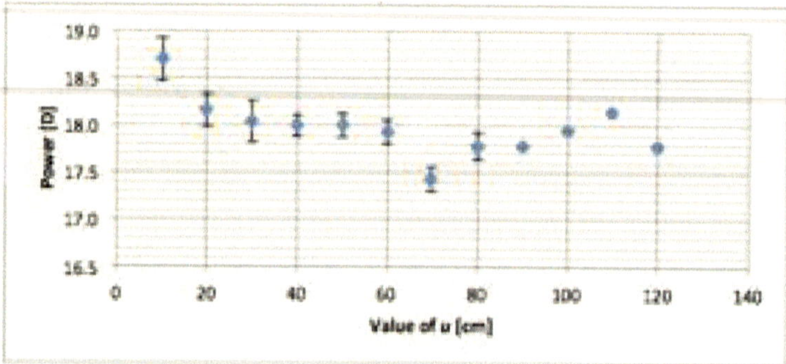


Diagram 23: Lens O3.

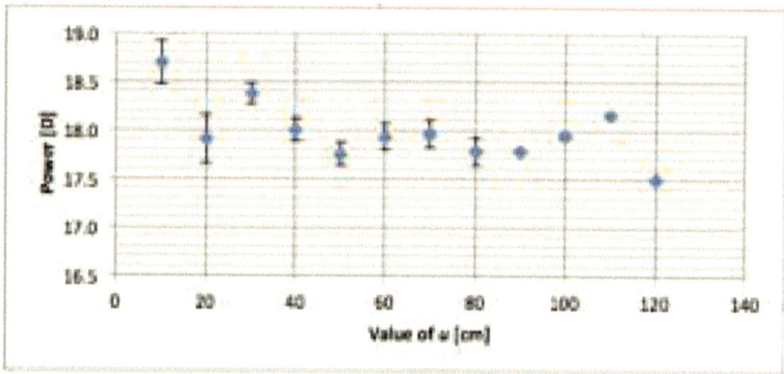


Diagram 24: Lens O4.

### 4.4 Unknown lenses

These lenses had no colour and I have measured their power to assemble them to the groups. u=120 cm in this measurement.

| Lens | v [cm] | Focal length [cm] | Power [D] | Accordant colour |
|---|---|---|---|---|
| U1 | 10.6 | 9.7 | 10.3 | Black |
| U2 | 19.4 | 16.7 | 6.0 | White |
| U3 | 10.9 | 10.0 | 10.0 | Black |
| U4 | 18.2 | 15.8 | 6.3 | White |
| U5 | 11.4 | 10.4 | 9.6 | Black |

## 5. Conclusion

### 5.1 Definitions related to accuracy

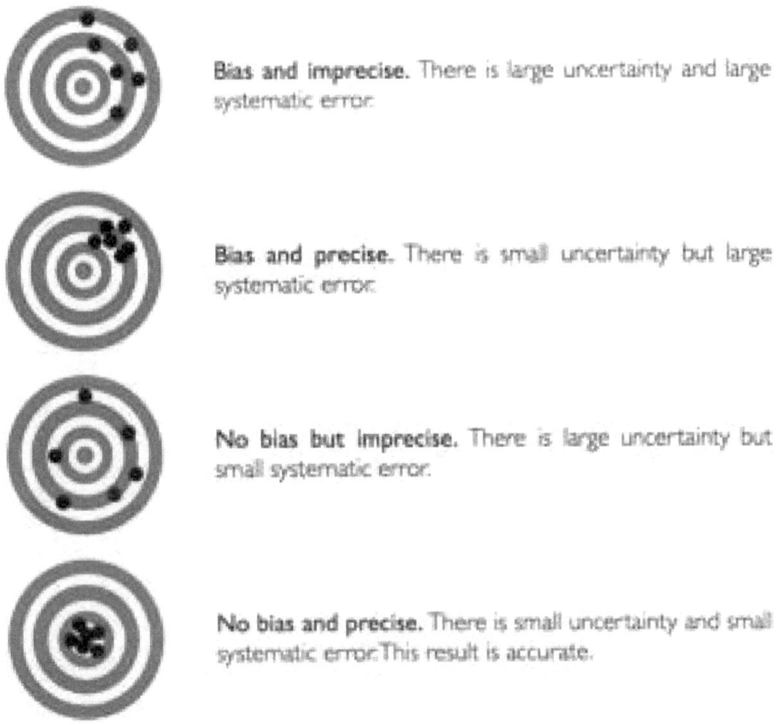


Figure 6: Precision and bias.

Results are **precise** if repeat measurements have values that are close together. Precise measurements have small random error and small uncertainty.

**Bias** arises from systematic errors which affect all the measurements in the same way, making them all higher or lower than the true value. Systematic errors do not average out.

Results are **accurate** if the are precise and free from bias.

## 5.2 Typical sources of imprecision and bias

In this experiment, the following factors caused imprecision and bias:

1. **Constant systematic bias** is for example a zero error in a measuring instrument. Constant systematic errors are difficult to remove, because their effects can only be observed if a way is found to remove them. In this measurement the image (the cardboard with an incised **L**) may have been fixed slightly below or above the zero on the ruler on the optical board. I have tried to make this systematic error as small as possible by fixing the cardboard very carefully.

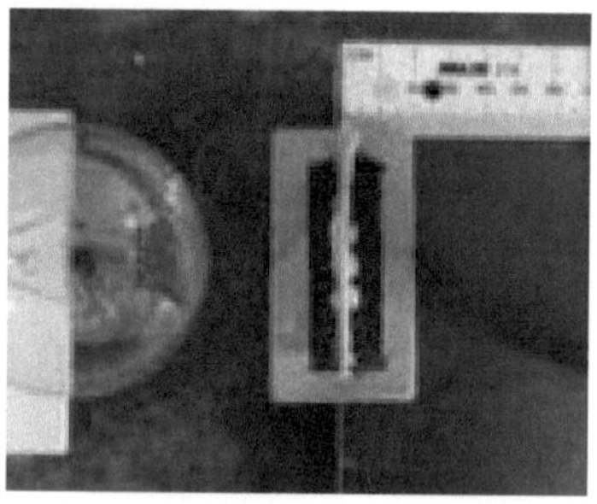

Figure 7: Possible zero error. The cardboard may not have been exactly at the zero.

2. **Varying systematic bias** occurs if the behaviour of an instrument changes with time or if an outside influence changes. Here, the measurements here have been conducted over the period of a week. It may well be that the position of the cardboard has been changed which would result in a systematic error in some of the results but not all of them. Varying systematic bias may account for the results of the orange lenses. From the results in the first experiment, a power around 15 D had been calculated. The second experiment however gave values of around 18 D. After having noticed that in the first measurement in the second experiment, I double checked the set-up which I found to be free of zero errors. Therefore, I concluded that there must have been a zero error built in the measurement of the orange lenses in the first experiment.

Diagrams 13-16: The values of Power with respect to the value of u for lenses B1, B2, B8 and B10 in the second experiment

The curves in the four diagrams above show a remarkably similar behaviour (for larger images see diagrams 13-16 in section 4.3). For each of the four lenses, 11 measurements with different values of u have been conducted. I have done all four lenses at u=a then all four lenses at u=b etc. Therefore the similar course of values suggests that there was a varying zero error: The first value has been distorted by the image not being at the zero and the subsequent measurements still show common fluctuations. However, I repeated the last measurement at u=120 cm until it was unlikely that there was any more zero error built in and hence I could calculate a reliable value of the power.

3. **Limited resolution of an instrument** allows readings only to a certain change in input. Here, the ruler on the optical board gave a reading to the nearest millimeter so each value has an uncertainty of ± 0.5 mm or ± 0.05 cm (see figure 9).

Figure 8: The ruler gave readings to the next millimeter.

4. **Accidental momentary effects** are caused by some untoward event and produce outliers (anomalies). They can often be identified if a result is very different from others of if they depart a general trend. Here no accidental momentary errors could be identified. There were some outliers among the black lenses in the first experiment. The concerned lenses B3 and B5 were simply assembled in the wrong group, they ought to be in the white group.

5. **Human errors** are produced e.g. by misreading an instrument which produces isolated false recorded value. In my measurement tables I had set some decimal points wrongly but this could easily be noticed and replaced.

6. **Random fluctuations** are the combined effect of many unconnected minor sources of variation that alter results unpredictably.

An estimate of the combined effect of all these sources of imprecision and bias will be given at the end of the conclusion.

### 5.3 The focal range

In this particular experiment, there was another important source of imprecision. When I did the first experiment, I was working with different values of v. I noticed that if the distance was small, it was quite facile to determine the point at which the image was focussed. As the distance got larger, this was more difficult and a range of values where the image could be said to be focussed existed. The true focal point was somewhere within this range. To make the measurement more reliable, I undertook the second experiment where I considered the fact that there was this range. The following picture explains the difference between the first and the second experiment:

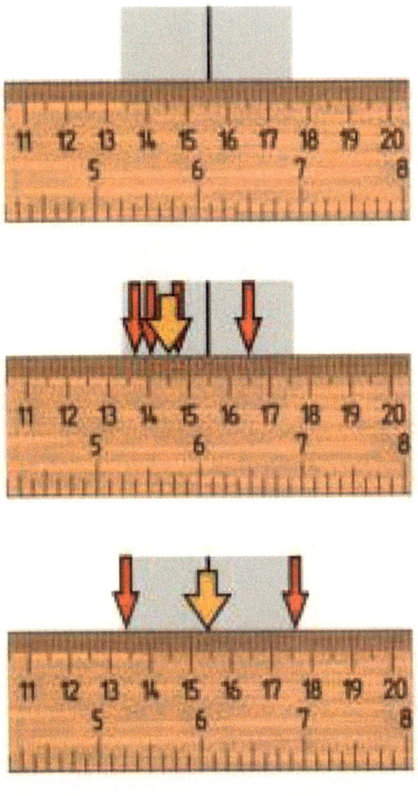


The black line represents the point at which the image is focussed: 15.5 cm. The range within which it can not be distinguished where exactly the focal point is, is marked in grey: 13.3 - 17.6 cm.

**First Experiment.** Four values are measured (red arrows). They are all within the range but their relative positions to the true value are at random. In this example, the majority is below the the line. The average (orange arrow) is not therefore below the true value too: it is 14.5 cm.

**Second Experiment.** The extension of the range is measured as accurately as possible: A minimum and a maximum point where the image can be said to be focussed are determined (red arrows). By averaging those (orange arrow) a result close to the true value is obtained: here exactly 15.5 cm, this is an optimal example.

Figure 9: The focal range in the first and second experiment.

Therefore, the values in the second experiment are much more reliable than in the first experiment.

By changing the value of u, I could influence the magnitude of the value of v. I observed that the extension of the range increased as the value of v increased. For example:

| Lens | u [cm] | Min [cm] | Max [cm] | Range [cm] |
|---|---|---|---|---|
| R1 | 30 | 59.1 | 60.4 | 1.3 |
| R1 | 110 | 24.4 | 24.5 | 0.1 |

These values however have further been used in the calculations for focal length and subsequently the power. If taking inverses, the percentage uncertainty is very important. It is calculated like this:

$$\%\ uncertainty = \pm\left(\frac{1}{2} \times \frac{Range\,[cm]}{v\,[cm]} \times 100\right)\%$$

Comparing the percentage uncertainties, the one with a larger value of u and therefore a smaller value of v is considerably lower.

| Lens | u [cm] | Min [cm] | Max [cm] | Range [cm] | Mean [cm] | % uncertainty |
|---|---|---|---|---|---|---|
| R1 | 30 | 59.1 | 60.4 | 1.3 | 59.8 | ± 1.09 % |
| R1 | 110 | 24.4 | 24.5 | 0.1 | 24.5 | ± 0.20 % |

However, the limited resolution of the instruments has to be put into consideration as well because the absolute value of the uncertainty ± 0.05 cm remains the same but as the relative uncertainty it increases as the value of v decreases. The same limited resolution has a greater effect on a small result than on a large result:

$$\%\ uncertainty_{u=120} = \pm\left(\frac{0.05}{24.5} \times 100\right) = \pm\, 0.2\ \%$$

$$\%\ uncertainty_{u=30} = \pm\left(\frac{0.05}{59.8} \times 100\right) = \pm\, 0.08\ \%$$

If this is added to the existing uncertainty due to the focal range the table above looks like this:

| Lens | u [cm] | Min [cm] | Max [cm] | Range [cm] | Mean [cm] | % uncertainty |
|---|---|---|---|---|---|---|
| R1 | 30 | 59.1 | 60.4 | 1.3 | 59.8 | ± 1.17 % |
| R1 | 110 | 24.4 | 24.5 | 0.1 | 24.5 | ± 0.4 % |

The total percentage uncertainty of the measurement with the greater value of v is still greater than that for the smaller value of v.

### 5.4 Final results

Into my final results for the powers of the twelve lenses in the second experiment, I took the result of the measurement using the highest value of u (u =120 cm) to have the smallest value of v. The combined effect of limited resolution of the instrument and the focal range I have put together in a ± absolute uncertainty.

| Lens | Mean value of v in cm when u = 120 cm | Percentage uncertainty | Power [D] measured | Power [D] specified in the box |
|---|---|---|---|---|
| B1 | 11.1 | ± 0.45 % | 9.8 ± 0.04 | 10 |
| B2 | 11.2 | ± 0.45 % | 9.8 ± 0.04 | 10 |
| B8 | 11.0 | ± 0.45 % | 9.9 ± 0.04 | 10 |
| B10 | 11.0 | ± 0.45 % | 9.9 ± 0.04 | 10 |
| R1 | 24.0 | ± 0.21 % | 5.0 ± 0.01 | 5 |
| R2 | 23.9 | ± 0.21 % | 5.0 ± 0.01 | 5 |
| R3 | 23.8 | ± 0.21 % | 5.0 ± 0.01 | 5 |
| R4 | 24.1 | ± 0.21 % | 5.0 ± 0.01 | 5 |
| O1 | 5.9 | ± 0.85 % | 17.8 ± 0.15 | 20 |
| O2 | 5.9 | ± 0.85 % | 17.8 ± 0.15 | 20 |
| O3 | 5.9 | ± 0.85 % | 17.8 ± 0.15 | 20 |
| O4 | 6.0 | ± 0.83 % | 17.5 ± 0.15 | 20 |

In the last measurement using u=120, the focal range was so small that it could not be measured on the ruler. Therefore, the only remaining numerically known uncertainty was the limited resolution of the instrument. This results in the above listed uncertainties that I have calculated as follows:

$$\%\ uncertainty = \left(\frac{0.05\ cm}{v\,[cm]} \times 100\right)\%$$

$$absolute\ uncertainty\,[D] = \frac{\%\ uncertainty}{100} \times Power\,[D]$$

More sources of uncertainty mentioned in section 5.2 may have altered the results but cannot be numerically estimated.

For more evidence see the Appendix including all the collected data.

## REFERENCES


Marshall, Rick & Ogborn, John: *Advancing Physics*, Institute of Physics 2008

Dobson, Grace, Lovett: *Physics*, Collins Advanced Science, 1997

*Lexikon der Physik*, Deutscher Taschenbuch Verlag, 1970

Fullick, Patrick: *Physics*, Heinemann Advanced Science, 2003

Akrill, T & Bennet, G & Millar, C: *Physics*, Hodder & Stonyllton, 1994

Adams, Steve & Allday, Jonathan: *Advanced Physics*, Oxford University Press, 2000

Chapple, Micheal: *A-Z Physics Handbook*, Hodder & Stonyllton, 2004

*Dictionary of Physics*, Oxford University Press, 2005

Nelkon, Micheal & Parker, Philip: *Advanced Level Physics*, Heinemann 1995


## PICTURE CREDITS

Cover and figures 1-10: David Brückner.

# APPENDIX

## 1. First Experiment

The tables show the measured values of v (v1-v4), their mean and their standard deviation (StDev). From their maximum (Max) and minimum (Min) value, the maximum (fmax) and minimum (fmin) focal length and also the focal length from the mean value of v (fmean) have been calculated. Hence, the maximum (Pmax) and minimum (Pmin) power and the power from fmean (Pmean) have been calculated. Consequently, the absolute positive and negative error of power and the values of v have been calculated. The first diagram shows the power of each lens with the absolute errors as error bars. The same on the right for the values of v.

### 1.1 Black Lenses

| u=20 | v1 [cm] | v2 [cm] | v3 [cm] | v4 [cm] | Mean [cm] | StDev | Max [cm] | Min [cm] | fmax [cm] | fmin [cm] | fmean [cm] | Pmax [D] | Pmin [D] | Pmean [D] | Pmax-Pmean [D] | Pmean-Pmin [D] | Max-Mean [cm] | Mean-Min [cm] |
|---|---|---|---|---|---|---|---|---|---|---|---|---|---|---|---|---|---|---|
| B1 | 21.5 | 21.2 | 21.6 | 20.6 | 21.3 | 0.39 | 21.6 | 20.6 | 10.4 | 10.1 | 10.3 | 9.9 | 9.6 | 9.7 | 0.14 | 0.08 | 0.38 | 0.63 |
| B2 | 21.8 | 21.7 | 21.7 | 21.9 | 21.8 | 0.08 | 21.9 | 21.7 | 10.5 | 10.4 | 10.4 | 9.6 | 9.6 | 9.6 | 0.02 | 0.03 | 0.15 | 0.07 |
| B3 | 70.6 | 70.5 | 68.7 | 67.4 | 69.6 | 1.29 | 70.6 | 67.4 | 15.6 | 15.4 | 15.5 | 6.5 | 6.4 | 6.4 | 0.05 | 0.02 | 1.05 | 2.15 |
| B4 | 30.2 | 30.4 | 30.3 | 30.3 | 30.3 | 0.07 | 30.4 | 30.2 | 12.1 | 12.0 | 12.0 | 8.3 | 8.3 | 8.3 | 0.01 | 0.01 | 0.10 | 0.12 |
| B5 | 56.3 | 58.8 | 58.3 | 56.1 | 57.4 | 1.19 | 58.8 | 56.1 | 14.9 | 14.7 | 14.8 | 6.8 | 6.7 | 6.7 | 0.04 | 0.04 | 1.43 | 1.27 |
| B6 | 23.6 | 23.3 | 23.4 | 23.6 | 23.5 | 0.13 | 23.6 | 23.3 | 10.8 | 10.8 | 10.8 | 9.3 | 9.2 | 9.3 | 0.03 | 0.02 | 0.13 | 0.18 |
| B7 | 31.7 | 32.5 | 32.5 | 32.1 | 32.2 | 0.34 | 32.5 | 31.7 | 12.4 | 12.3 | 12.3 | 8.2 | 8.1 | 8.1 | 0.05 | 0.03 | 0.30 | 0.50 |
| B8 | 20.0 | 20.5 | 20.6 | 20.4 | 20.4 | 0.23 | 20.6 | 20.0 | 10.1 | 10.0 | 10.1 | 10.0 | 9.9 | 9.9 | 0.09 | 0.05 | 0.23 | 0.38 |
| B9 | 17.9 | 18.2 | 18.0 | 18.1 | 18.1 | 0.11 | 18.2 | 17.9 | 9.5 | 9.4 | 9.5 | 10.6 | 10.5 | 10.5 | 0.05 | 0.05 | 0.15 | 0.15 |
| B10 | 20.1 | 20.3 | 20.3 | 20.6 | 20.4 | 0.13 | 20.6 | 20.1 | 10.1 | 10.1 | 10.1 | 9.9 | 9.9 | 9.9 | 0.02 | 0.05 | 0.28 | 0.27 |
| B11 | 20.4 | 21.1 | 20.8 | 20.7 | 20.8 | 0.25 | 21.1 | 20.4 | 10.3 | 10.1 | 10.2 | 9.9 | 9.7 | 9.8 | 0.08 | 0.08 | 0.35 | 0.35 |
| B12 | 22.5 | 23.0 | 23.1 | 23.4 | 23.0 | 0.32 | 23.4 | 22.5 | 10.8 | 10.6 | 10.7 | 9.4 | 9.3 | 9.3 | 0.10 | 0.07 | 0.40 | 0.50 |
| B13 | 19.4 | 20.1 | 20.3 | 20.1 | 20.0 | 0.34 | 20.3 | 19.4 | 10.1 | 9.8 | 10.0 | 10.2 | 9.9 | 10.0 | 0.15 | 0.08 | 0.32 | 0.58 |
| B14 | 30.5 | 31.7 | 31.3 | 31.3 | 31.2 | 0.44 | 31.7 | 30.5 | 12.3 | 12.1 | 12.2 | 8.3 | 8.2 | 8.2 | 0.07 | 0.05 | 0.50 | 0.70 |

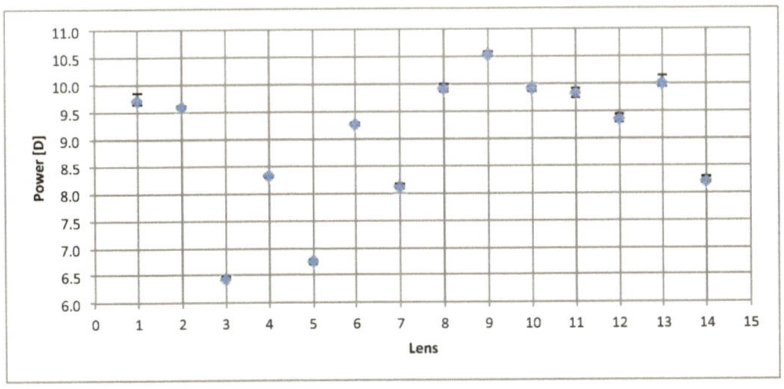


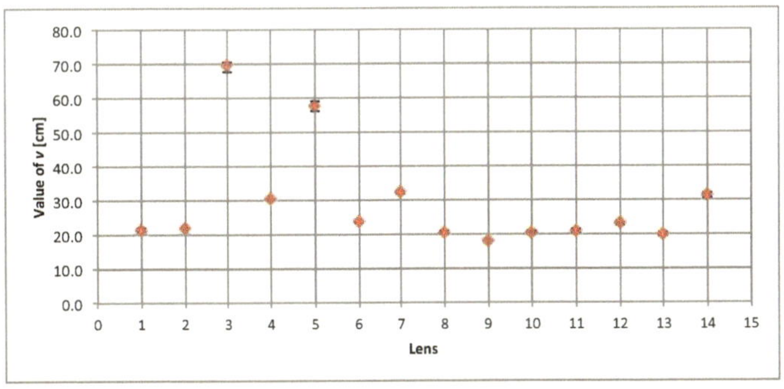


### 1.2 White Lenses

| u=20 | v1 [cm] | v2 [cm] | v3 [cm] | v4 [cm] | Mean [cm] | StDev | Max [cm] | Min [cm] | fmax [cm] | fmin [cm] | fmean [cm] | Pmax [D] | Pmin [D] | Pmean [D] | Pmax-Pmean [D] | Pmean-Pmin [D] | Max-Mean [cm] | Mean-Min [cm] |
|---|---|---|---|---|---|---|---|---|---|---|---|---|---|---|---|---|---|---|
| W1 | 68.2 | 67.3 | 63.7 | 61.3 | 65.1 | 2.76 | 68.2 | 61.3 | 15.5 | 15.1 | 15.3 | 6.6 | 6.5 | 6.5 | 0.10 | 0.07 | 3.1 | 3.8 |
| W2 | 72.1 | 76.2 | 68.3 | 67.9 | 71.1 | 1.36 | 76.2 | 67.9 | 15.8 | 15.4 | 15.6 | 6.5 | 6.3 | 6.4 | 0.07 | 0.09 | 5.1 | 3.2 |
| W3 | 68.0 | 69.8 | 65.2 | 62.6 | 66.4 | 2.74 | 69.8 | 62.6 | 15.5 | 15.2 | 15.4 | 6.6 | 6.4 | 6.5 | 0.09 | 0.07 | 3.4 | 3.8 |
| W4 | 65.0 | 67.3 | 58.4 | 59.0 | 62.4 | 3.82 | 67.3 | 58.4 | 15.4 | 14.9 | 15.1 | 6.7 | 6.5 | 6.6 | 0.11 | 0.12 | 4.9 | 4.0 |
| W5 | 64.1 | 65.7 | 60.2 | 59.2 | 62.3 | 2.68 | 65.7 | 59.2 | 15.3 | 14.9 | 15.1 | 6.7 | 6.5 | 6.6 | 0.08 | 0.08 | 3.4 | 3.1 |
| W6 | 63.3 | 62.7 | 60.1 | 60.0 | 61.5 | 1.49 | 63.3 | 60.0 | 15.2 | 15.0 | 15.1 | 6.7 | 6.6 | 6.6 | 0.04 | 0.05 | 1.8 | 1.5 |
| W7 | 68.1 | 67.5 | 62.6 | 61.5 | 64.9 | 2.91 | 68.1 | 61.5 | 15.5 | 15.1 | 15.3 | 6.6 | 6.5 | 6.5 | 0.09 | 0.07 | 3.2 | 3.4 |
| W8 | 65.2 | 66.7 | 61.2 | 59.5 | 63.2 | 2.91 | 66.7 | 59.5 | 15.4 | 15.0 | 15.2 | 6.7 | 6.5 | 6.6 | 0.10 | 0.08 | 3.4 | 3.7 |
| W9 | 63.2 | 65.3 | 58.6 | 57.6 | 61.2 | 3.18 | 65.3 | 57.6 | 15.3 | 14.8 | 15.1 | 6.7 | 6.5 | 6.6 | 0.10 | 0.10 | 4.1 | 3.6 |
| W10 | 51.9 | 55.5 | 52.3 | 52.1 | 53.0 | 1.48 | 55.5 | 51.9 | 14.7 | 14.4 | 14.5 | 6.9 | 6.8 | 6.9 | 0.04 | 0.09 | 2.6 | 1.1 |
| W11 | 63.7 | 61.6 | 60.1 | 59.5 | 61.2 | 1.62 | 63.7 | 59.5 | 15.2 | 15.0 | 15.1 | 6.7 | 6.6 | 6.6 | 0.05 | 0.06 | 2.5 | 1.7 |
| W12 | 68.3 | 67.8 | 65.6 | 63.9 | 66.4 | 1.74 | 68.3 | 63.9 | 15.5 | 15.3 | 15.4 | 6.6 | 6.5 | 6.5 | 0.06 | 0.04 | 1.8 | 2.5 |
| W13 | 74.3 | 72.7 | 71.9 | 69.8 | 72.2 | 1.62 | 74.3 | 69.8 | 15.8 | 15.5 | 15.7 | 6.4 | 6.3 | 6.4 | 0.05 | 0.04 | 2.1 | 2.4 |
| W14 | 62.7 | 58.5 | 59.0 | 58.7 | 59.7 | 1.73 | 62.7 | 58.5 | 15.2 | 14.9 | 15.0 | 6.7 | 6.6 | 6.7 | 0.04 | 0.08 | 3.0 | 1.2 |
| W15 | 63.2 | 64.2 | 62.2 | 62.7 | 63.1 | 0.74 | 64.2 | 62.2 | 15.2 | 15.1 | 15.2 | 6.6 | 6.6 | 6.6 | 0.02 | 0.03 | 1.1 | 0.9 |

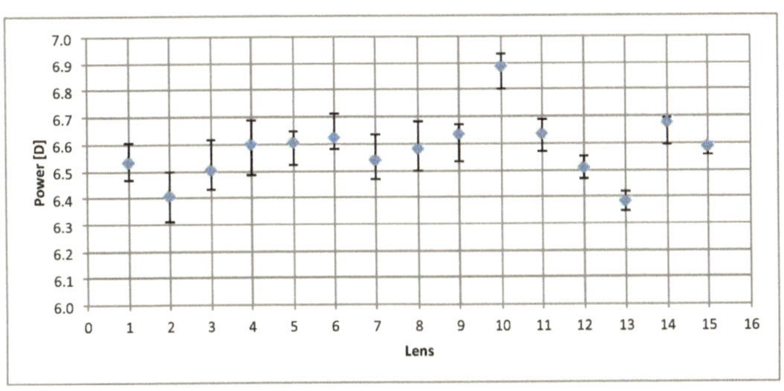


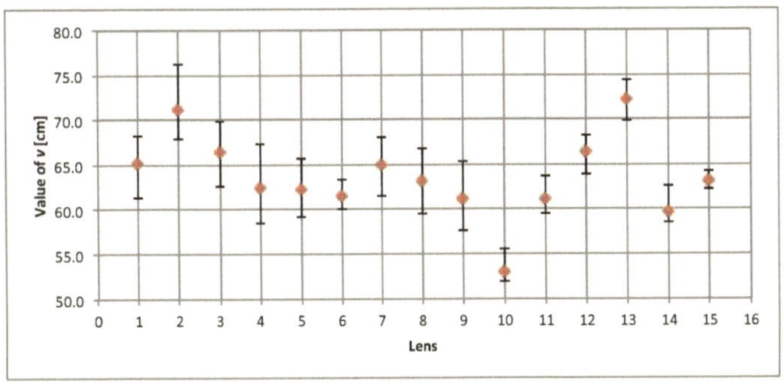

## 1.3 Red Lenses

| u=40 | v1 [cm] | v2 [cm] | v3 [cm] | v4 [cm] | Mean [cm] | StDev | Max [cm] | Min [cm] | fmax [cm] | fmin [cm] | fmean [cm] | Pmax [D] | Pmin [D] | Pmean [D] | Pmax-Pmean [D] | Pmean-Pmin [D] | Max-Mean [cm] | Mean-Min [cm] |
|---|---|---|---|---|---|---|---|---|---|---|---|---|---|---|---|---|---|---|
| R1 | 40.3 | 39.9 | 39.6 | 39.6 | 39.9 | 0.29 | 40.3 | 39.6 | 20.1 | 19.9 | 20.0 | 5.0 | 5.0 | 5.0 | 0.02 | 0.03 | 0.5 | 0.2 |
| R2 | 40.0 | 39.5 | 39.3 | 39.4 | 39.6 | 0.27 | 40.0 | 39.3 | 20.0 | 19.8 | 19.9 | 5.0 | 5.0 | 5.0 | 0.02 | 0.03 | 0.5 | 0.3 |
| R3 | 38.6 | 39.1 | 38.9 | 38.9 | 38.9 | 0.18 | 39.1 | 38.6 | 19.8 | 19.6 | 19.7 | 5.1 | 5.1 | 5.1 | 0.02 | 0.01 | 0.2 | 0.3 |
| R4 | 39.7 | 40.2 | 40.3 | 40.0 | 40.1 | 0.23 | 40.3 | 39.7 | 20.1 | 19.9 | 20.0 | 5.0 | 5.0 | 5.0 | 0.02 | 0.02 | 0.3 | 0.3 |
| R5 | 39.4 | 39.7 | 39.6 | 39.5 | 39.6 | 0.11 | 39.7 | 39.4 | 19.9 | 19.8 | 19.9 | 5.0 | 5.0 | 5.0 | 0.01 | 0.01 | 0.2 | 0.1 |
| R6 | 39.8 | 40.0 | 39.9 | 39.9 | 39.9 | 0.07 | 40.0 | 39.8 | 20.0 | 19.9 | 20.0 | 5.0 | 5.0 | 5.0 | 0.01 | 0.01 | 0.1 | 0.1 |
| R7 | 39.4 | 38.9 | 39.3 | 39.3 | 39.2 | 0.19 | 39.4 | 38.9 | 19.8 | 19.7 | 19.8 | 5.1 | 5.0 | 5.0 | 0.02 | 0.01 | 0.2 | 0.3 |
| R8 | 43.8 | 43.3 | 43.4 | 43.4 | 43.5 | 0.19 | 43.8 | 43.3 | 20.9 | 20.8 | 20.8 | 4.8 | 4.8 | 4.8 | 0.01 | 0.02 | 0.3 | 0.2 |
| R9 | 39.3 | 39.0 | 39.1 | 38.9 | 39.1 | 0.15 | 39.3 | 38.9 | 19.8 | 19.7 | 19.8 | 5.1 | 5.0 | 5.1 | 0.01 | 0.01 | 0.2 | 0.2 |
| R10 | 39.0 | 38.9 | 38.7 | 38.8 | 38.9 | 0.11 | 39.0 | 38.7 | 19.7 | 19.7 | 19.7 | 5.1 | 5.1 | 5.1 | 0.01 | 0.01 | 0.1 | 0.1 |
| R11 | 39.3 | 39.4 | 39.1 | 38.7 | 39.1 | 0.27 | 39.4 | 38.7 | 19.8 | 19.7 | 19.8 | 5.1 | 5.0 | 5.1 | 0.03 | 0.02 | 0.3 | 0.4 |
| R12 | 39.8 | 39.6 | 39.6 | 39.4 | 39.6 | 0.14 | 39.8 | 39.4 | 19.9 | 19.8 | 19.9 | 5.0 | 5.0 | 5.0 | 0.01 | 0.01 | 0.2 | 0.2 |
| R13 | 39.1 | 39.0 | 39.0 | 38.8 | 39.0 | 0.11 | 39.1 | 38.8 | 19.8 | 19.7 | 19.7 | 5.1 | 5.1 | 5.1 | 0.01 | 0.01 | 0.1 | 0.2 |
| R14 | 39.6 | 39.3 | 39.3 | 39.1 | 39.3 | 0.18 | 39.6 | 39.1 | 19.9 | 19.8 | 19.8 | 5.1 | 5.0 | 5.0 | 0.01 | 0.02 | 0.3 | 0.2 |
| R15 | 39.9 | 39.5 | 39.6 | 39.7 | 39.7 | 0.15 | 39.9 | 39.5 | 20.0 | 19.9 | 19.9 | 5.0 | 5.0 | 5.0 | 0.01 | 0.01 | 0.2 | 0.2 |

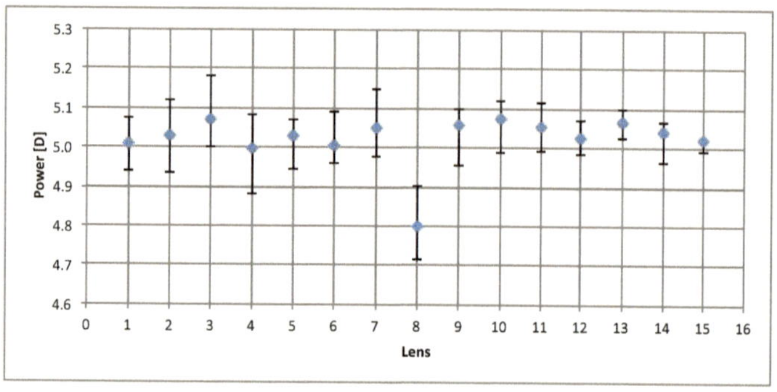


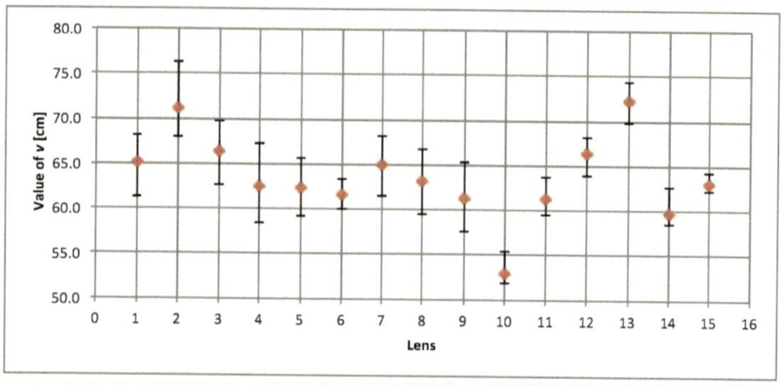


## 1.4 Green Lenses

| u=40 | v1 [cm] | v2 [cm] | v3 [cm] | v4 [cm] | Mean [cm] | StDev | Max [cm] | Min [cm] | fmax [cm] | fmin [cm] | fmean [cm] | Pmax [D] | Pmin [D] | Pmean [D] | Pmax-Pmean [D] | Pmean-Pmin [D] | Max-Mean [cm] | Mean-Min [cm] |
|---|---|---|---|---|---|---|---|---|---|---|---|---|---|---|---|---|---|---|
| G1 | 54.6 | 54.7 | 54.6 | 54.8 | 54.7 | 0.08 | 54.8 | 54.6 | 23.12 | 23.09 | 23.10 | 4.33 | 4.32 | 4.33 | 0.00 | 0.00 | 0.1 | 0.1 |
| G2 | 76.3 | 76.7 | 75.4 | 75.2 | 75.9 | 0.62 | 76.7 | 75.2 | 26.29 | 26.11 | 26.19 | 3.83 | 3.80 | 3.82 | 0.01 | 0.01 | 0.8 | 0.7 |
| G3 | 63.5 | 63.8 | 63.8 | 63.7 | 63.7 | 0.12 | 63.8 | 63.5 | 24.59 | 24.54 | 24.57 | 4.07 | 4.07 | 4.07 | 0.00 | 0.00 | 0.1 | 0.2 |

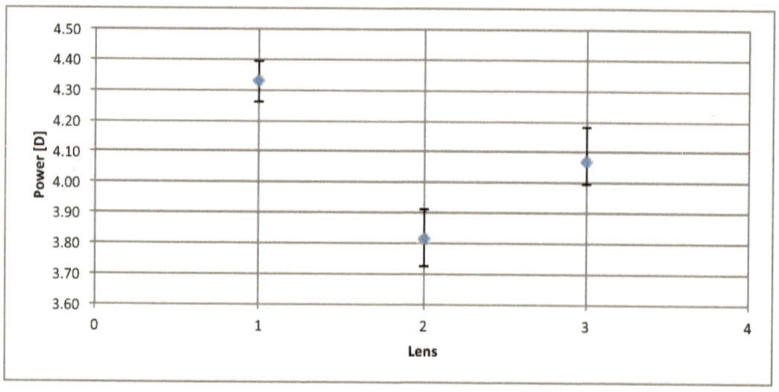


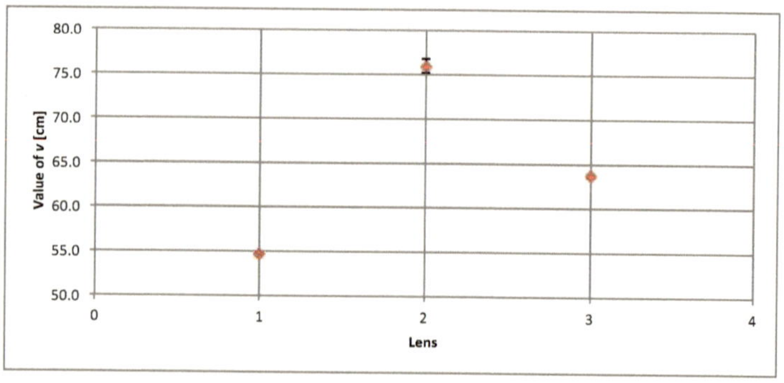


## 1.5 Blue Lenses

| u=60 | v1 [cm] | v2 [cm] | v3 [cm] | v4 [cm] | Mean [cm] | StDev | Max [cm] | Min [cm] | fmax [cm] | fmin [cm] | fmean [cm] | Pmax [D] | Pmin [D] | Pmean [D] | Pmax-Pmean [D] | Pmean-Pmin [D] | Max-Mean [cm] | Mean-Min [cm] |
|---|---|---|---|---|---|---|---|---|---|---|---|---|---|---|---|---|---|---|
| B1 | 67.0 | 66.5 | 66.2 | 66.2 | 66.5 | 0.33 | 67.0 | 66.2 | 31.65 | 31.47 | 31.54 | 3.18 | 3.16 | 3.17 | 0.01 | 0.01 | 0.5 | 0.3 |
| B2 | 63.5 | 63.6 | 63.4 | 63.6 | 63.5 | 0.08 | 63.6 | 63.4 | 30.87 | 30.83 | 30.86 | 3.24 | 3.24 | 3.24 | 0.00 | 0.00 | 0.1 | 0.1 |
| B3 | 63.6 | 63.9 | 63.6 | 63.6 | 63.7 | 0.13 | 63.9 | 63.6 | 30.94 | 30.87 | 30.89 | 3.24 | 3.23 | 3.24 | 0.00 | 0.01 | 0.2 | 0.1 |

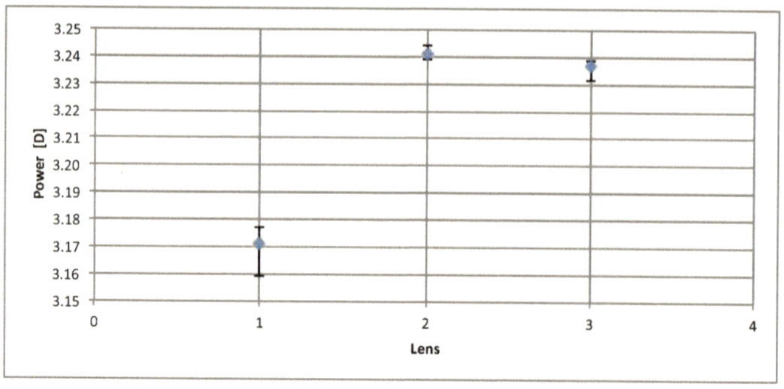


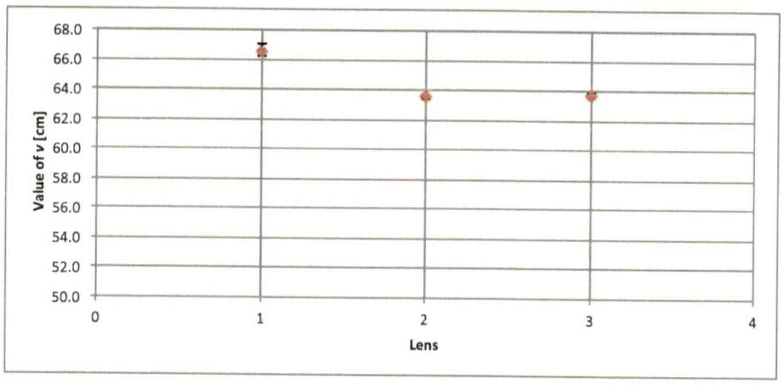

## 1.6 Orange Lenses

| u=30 | v1 [cm] | v2 [cm] | v3 [cm] | v4 [cm] | Mean [cm] | StDev | Max [cm] | Min [cm] | fmax [cm] | fmin [cm] | fmean [cm] | Pmax [D] | Pmin [D] | Pmean [D] | Pmax-Pmean [D] | Pmean-Pmin [D] | Max-Mean [cm] | Mean-Min [cm] |
|---|---|---|---|---|---|---|---|---|---|---|---|---|---|---|---|---|---|---|
| O1 | 7.3 | 7.6 | 7.5 | 7.6 | 7.5 | 0.13 | 7.6 | 7.3 | 6.39 | 6.17 | 6.32 | 16.20 | 15.66 | 15.83 | 0.37 | 0.18 | 0.1 | 0.2 |
| O2 | 7.6 | 7.5 | 7.5 | 7.5 | 7.5 | 0.04 | 7.6 | 7.5 | 6.39 | 6.32 | 6.33 | 15.83 | 15.66 | 15.79 | 0.04 | 0.13 | 0.1 | 0.0 |
| O3 | 7.7 | 7.5 | 7.5 | 7.5 | 7.6 | 0.09 | 7.7 | 7.5 | 6.46 | 6.32 | 6.35 | 15.83 | 15.49 | 15.75 | 0.09 | 0.26 | 0.2 | 0.0 |
| O4 | 7.7 | 7.7 | 7.7 | 7.7 | 7.7 | 0.00 | 7.7 | 7.7 | 6.46 | 6.46 | 6.46 | 15.49 | 15.49 | 15.49 | 0.00 | 0.00 | 0.0 | 0.0 |

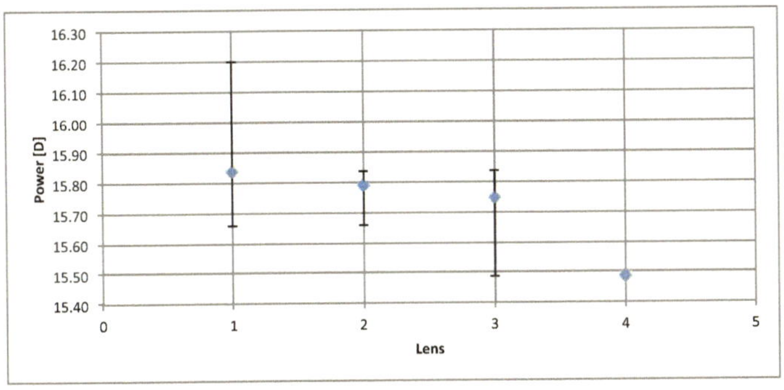


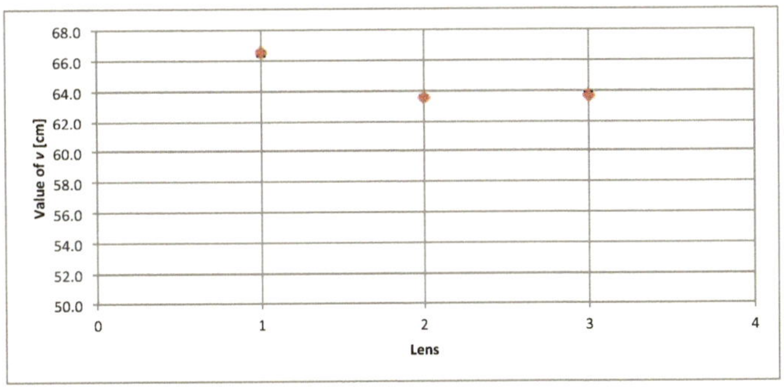

## 2. Second Experiment

The tables with all the data show the minimum (Min) and maximum (Max) point where the image can be said to focussed, their middle value (Mean) and their standard deviation (StDev). The measured image height, the calculated magnification and the value of v calculated from the magnification follow. From maximum and minimum value, the maximum (fmax) and minimum (fmin) focal length and also the focal length from the middle value of the range of v (fmean) have been calculated. Hence, the maximum (Pmax) and minimum (Pmin) power and the power from fmean (Pmean) have been calculated. Consequently, the absolute positive and negative error for the power have been calculated.
The tables with power only show Pmean and the absolute errors. The diagrams show the power with respect to the input value of u, the error bars show the absolute error.

### 2.1. Black Lenses

#### 2.1.1 All Data

| u=20 | Min [cm] | Max [cm] | Mean [cm] | Image [cm] | Magnification | v-calculated [cm] | Range [cm] | StDev | fmax [cm] | fmin [cm] | fmean [cm] | Pmax [D] | Pmin [D] | Pmean [D] | Pmax-Pmean [D] | Pmean-Pmin [D] |
|---|---|---|---|---|---|---|---|---|---|---|---|---|---|---|---|---|
| B1 | 21.8 | 22.3 | 22.1 | 1.55 | 1.01 | 20.26 | 0.5 | 0.35 | 12.8 | 12.6 | 12.7 | 7.9 | 7.8 | 7.9 | 0.05 | 0.05 |
| B2 | 21.7 | 22.1 | 21.9 | 1.59 | 1.04 | 20.78 | 0.4 | 0.28 | 12.7 | 12.6 | 12.7 | 7.9 | 7.9 | 7.9 | 0.04 | 0.04 |
| B8 | 21.6 | 21.9 | 21.8 | 1.48 | 0.97 | 19.35 | 0.3 | 0.21 | 12.7 | 12.6 | 12.6 | 8.0 | 7.9 | 7.9 | 0.03 | 0.03 |
| B10 | 20.4 | 20.7 | 20.6 | 1.46 | 0.95 | 19.08 | 0.3 | 0.21 | 12.2 | 12.1 | 12.2 | 8.2 | 8.2 | 8.2 | 0.04 | 0.04 |

| u=30 | Min [cm] | Max [cm] | Mean [cm] | Image [cm] | Magnification | v-calculated [cm] | Range [cm] | StDev | fmax [cm] | fmin [cm] | fmean [cm] | Pmax [D] | Pmin [D] | Pmean [D] | Pmax-Pmean [D] | Pmean-Pmin [D] |
|---|---|---|---|---|---|---|---|---|---|---|---|---|---|---|---|---|
| B1 | 15.6 | 15.8 | 15.7 | 0.75 | 0.49 | 14.71 | 0.2 | 0.14 | 11.3 | 11.2 | 11.3 | 8.9 | 8.8 | 8.9 | 0.04 | 0.04 |
| B2 | 15.8 | 16.0 | 15.9 | 0.75 | 0.49 | 14.71 | 0.2 | 0.14 | 11.4 | 11.3 | 11.4 | 8.8 | 8.8 | 8.8 | 0.04 | 0.04 |
| B8 | 15.4 | 15.6 | 15.5 | 0.69 | 0.45 | 13.53 | 0.2 | 0.14 | 11.2 | 11.1 | 11.2 | 9.0 | 8.9 | 9.0 | 0.04 | 0.04 |
| B10 | 15.2 | 15.5 | 15.4 | 0.75 | 0.49 | 14.71 | 0.3 | 0.21 | 11.2 | 11.0 | 11.1 | 9.1 | 9.0 | 9.0 | 0.06 | 0.06 |

| u=40 | Min [cm] | Max [cm] | Mean [cm] | Image [cm] | Magnification | v-calculated [cm] | Range [cm] | StDev | fmax [cm] | fmin [cm] | fmean [cm] | Pmax [D] | Pmin [D] | Pmean [D] | Pmax-Pmean [D] | Pmean-Pmin [D] |
|---|---|---|---|---|---|---|---|---|---|---|---|---|---|---|---|---|
| B1 | 13.8 | 14.1 | 14.0 | 0.50 | 0.33 | 13.07 | 0.3 | 0.21 | 11.0 | 10.8 | 10.9 | 9.2 | 9.1 | 9.2 | 0.08 | 0.08 |
| B2 | 13.9 | 14.2 | 14.1 | 0.50 | 0.33 | 13.07 | 0.3 | 0.21 | 11.1 | 10.9 | 11.0 | 9.2 | 9.0 | 9.1 | 0.08 | 0.08 |
| B8 | 13.4 | 13.7 | 13.6 | 0.45 | 0.29 | 11.76 | 0.3 | 0.21 | 10.8 | 10.6 | 10.7 | 9.5 | 9.3 | 9.4 | 0.08 | 0.08 |
| B10 | 13.4 | 13.6 | 13.5 | 0.45 | 0.29 | 11.76 | 0.2 | 0.14 | 10.7 | 10.6 | 10.6 | 9.5 | 9.4 | 9.4 | 0.06 | 0.05 |

| u=50 | Min [cm] | Max [cm] | Mean [cm] | Image [cm] | Magnification | v-calculated [cm] | Range [cm] | StDev | fmax [cm] | fmin [cm] | fmean [cm] | Pmax [D] | Pmin [D] | Pmean [D] | Pmax-Pmean [D] | Pmean-Pmin [D] |
|---|---|---|---|---|---|---|---|---|---|---|---|---|---|---|---|---|
| B1 | 13.1 | 13.2 | 13.2 | 0.40 | 0.26 | 13.07 | 0.1 | 0.07 | 10.8 | 10.8 | 10.8 | 9.3 | 9.2 | 9.3 | 0.03 | 0.03 |
| B2 | 13.1 | 13.2 | 13.2 | 0.40 | 0.26 | 13.07 | 0.1 | 0.07 | 10.8 | 10.8 | 10.8 | 9.3 | 9.2 | 9.3 | 0.03 | 0.03 |
| B8 | 12.8 | 13.0 | 12.9 | 0.35 | 0.23 | 11.48 | 0.2 | 0.14 | 10.7 | 10.5 | 10.6 | 9.5 | 9.4 | 9.4 | 0.06 | 0.06 |
| B10 | 12.8 | 13.0 | 12.9 | 0.35 | 0.23 | 11.48 | 0.2 | 0.14 | 10.7 | 10.5 | 10.6 | 9.5 | 9.4 | 9.4 | 0.06 | 0.06 |

| u=60 | Min [cm] | Max [cm] | Mean [cm] | Image [cm] | Magnification | v-calculated [cm] | Range [cm] | StDev | fmax [cm] | fmin [cm] | fmean [cm] | Pmax [D] | Pmin [D] | Pmean [D] | Pmax-Pmean [D] | Pmean-Pmin [D] |
|---|---|---|---|---|---|---|---|---|---|---|---|---|---|---|---|---|
| B1 | 12.4 | 12.6 | 12.5 | 0.27 | 0.18 | 10.59 | 0.2 | 0.14 | 10.7 | 10.5 | 10.6 | 9.5 | 9.4 | 9.4 | 0.06 | 0.06 |
| B2 | 12.6 | 12.8 | 12.7 | 0.26 | 0.17 | 10.20 | 0.2 | 0.14 | 10.8 | 10.7 | 10.7 | 9.4 | 9.2 | 9.3 | 0.06 | 0.06 |
| B8 | 12.2 | 12.4 | 12.3 | 0.30 | 0.20 | 11.76 | 0.2 | 0.14 | 10.5 | 10.4 | 10.5 | 9.6 | 9.5 | 9.6 | 0.07 | 0.07 |
| B10 | 12.3 | 12.5 | 12.4 | 0.25 | 0.16 | 9.80 | 0.2 | 0.14 | 10.6 | 10.5 | 10.5 | 9.6 | 9.4 | 9.5 | 0.07 | 0.06 |

| u=70 | Min [cm] | Max [cm] | Mean [cm] | Image [cm] | Magnification | v-calculated [cm] | Range [cm] | StDev | fmax [cm] | fmin [cm] | fmean [cm] | Pmax [D] | Pmin [D] | Pmean [D] | Pmax-Pmean [D] | Pmean-Pmin [D] |
|---|---|---|---|---|---|---|---|---|---|---|---|---|---|---|---|---|
| B1 | 12.0 | 12.2 | 12.1 | 0.25 | 0.16 | 11.44 | 0.2 | 0.14 | 10.6 | 10.4 | 10.5 | 9.6 | 9.4 | 9.5 | 0.07 | 0.07 |
| B2 | 12.3 | 12.4 | 12.4 | 0.20 | 0.13 | 9.15 | 0.1 | 0.07 | 10.7 | 10.7 | 10.7 | 9.4 | 9.3 | 9.3 | 0.03 | 0.03 |
| B8 | 11.8 | 12.0 | 11.9 | 0.18 | 0.12 | 8.24 | 0.2 | 0.14 | 10.4 | 10.3 | 10.4 | 9.7 | 9.6 | 9.7 | 0.07 | 0.07 |
| B10 | 11.8 | 12.0 | 11.9 | 0.19 | 0.12 | 8.69 | 0.2 | 0.14 | 10.4 | 10.3 | 10.4 | 9.7 | 9.6 | 9.7 | 0.07 | 0.07 |

| u=80 | Min [cm] | Max [cm] | Mean [cm] | Image [cm] | Magnification | v-calculated [cm] | Range [cm] | StDev | fmax [cm] | fmin [cm] | fmean [cm] | Pmax [D] | Pmin [D] | Pmean [D] | Pmax-Pmean [D] | Pmean-Pmin [D] |
|---|---|---|---|---|---|---|---|---|---|---|---|---|---|---|---|---|
| B1 | 12.0 | 12.1 | 12.1 | 0.24 | 0.16 | 12.55 | 0.1 | 0.07 | 10.7 | 10.6 | 10.6 | 9.4 | 9.4 | 9.4 | 0.03 | 0.03 |
| B2 | 12.2 | 12.3 | 12.3 | 0.24 | 0.16 | 12.55 | 0.1 | 0.07 | 10.8 | 10.7 | 10.8 | 9.3 | 9.2 | 9.3 | 0.03 | 0.03 |
| B8 | 11.8 | 11.9 | 11.9 | 0.25 | 0.16 | 13.07 | 0.1 | 0.07 | 10.5 | 10.4 | 10.5 | 9.6 | 9.5 | 9.5 | 0.04 | 0.04 |
| B10 | 11.7 | 11.9 | 11.8 | 0.21 | 0.14 | 10.98 | 0.2 | 0.14 | 10.5 | 10.4 | 10.4 | 9.7 | 9.5 | 9.6 | 0.07 | 0.07 |

| u=90 | Min [cm] | Max [cm] | Mean [cm] | Image [cm] | Magnification | v-calculated [cm] | Range [cm] | StDev | fmax [cm] | fmin [cm] | fmean [cm] | Pmax [D] | Pmin [D] | Pmean [D] | Pmax-Pmean [D] | Pmean-Pmin [D] |
|---|---|---|---|---|---|---|---|---|---|---|---|---|---|---|---|---|
| B1 | 11.7 | 11.9 | 11.8 | 0.19 | 0.12 | 11.18 | 0.2 | 0.14 | 10.6 | 10.5 | 10.6 | 9.5 | 9.4 | 9.5 | 0.07 | 0.07 |
| B2 | 11.9 | 12.0 | 12.0 | 0.20 | 0.13 | 11.76 | 0.1 | 0.07 | 10.7 | 10.6 | 10.7 | 9.4 | 9.3 | 9.4 | 0.04 | 0.03 |
| B8 | 11.6 | 11.7 | 11.7 | 0.19 | 0.12 | 11.18 | 0.1 | 0.07 | 10.5 | 10.4 | 10.4 | 9.6 | 9.5 | 9.6 | 0.04 | 0.04 |
| B10 | 11.5 | 11.6 | 11.6 | 0.19 | 0.12 | 11.18 | 0.1 | 0.07 | 10.4 | 10.3 | 10.4 | 9.7 | 9.6 | 9.7 | 0.04 | 0.04 |

| u=100 | Min [cm] | Max [cm] | Mean [cm] | Image [cm] | Magnification | v-calculated [cm] | Range [cm] | StDev | fmax [cm] | fmin [cm] | fmean [cm] | Pmax [D] | Pmin [D] | Pmean [D] | Pmax-Pmean [D] | Pmean-Pmin [D] |
|---|---|---|---|---|---|---|---|---|---|---|---|---|---|---|---|---|
| B1 | 11.4 | 11.5 | 11.5 | 0.19 | 0.12 | 12.42 | 0.1 | 0.07 | 10.4 | 10.3 | 10.4 | 9.7 | 9.6 | 9.6 | 0.04 | 0.04 |
| B2 | 11.6 | 11.7 | 11.7 | 0.15 | 0.10 | 9.80 | 0.1 | 0.07 | 10.6 | 10.5 | 10.5 | 9.5 | 9.5 | 9.5 | 0.04 | 0.04 |
| B8 | 11.3 | 11.5 | 11.4 | 0.12 | 0.08 | 7.84 | 0.2 | 0.14 | 10.4 | 10.2 | 10.3 | 9.8 | 9.6 | 9.7 | 0.08 | 0.08 |
| B10 | 11.2 | 11.4 | 11.3 | 0.11 | 0.07 | 7.19 | 0.2 | 0.14 | 10.3 | 10.2 | 10.2 | 9.8 | 9.7 | 9.8 | 0.08 | 0.08 |

| u=110 | Min [cm] | Max [cm] | Mean [cm] | Image [cm] | Magnification | v-calculated [cm] | Range [cm] | StDev | fmax [cm] | fmin [cm] | fmean [cm] | Pmax [D] | Pmin [D] | Pmean [D] | Pmax-Pmean [D] | Pmean-Pmin [D] |
|---|---|---|---|---|---|---|---|---|---|---|---|---|---|---|---|---|
| B1 | 11.3 | 11.4 | 11.4 | 0.10 | 0.07 | 7.19 | 0.1 | 0.07 | 10.4 | 10.3 | 10.4 | 9.7 | 9.6 | 9.6 | 0.04 | 0.04 |
| B2 | 11.5 | 11.6 | 11.6 | 0.10 | 0.07 | 7.19 | 0.1 | 0.07 | 10.6 | 10.5 | 10.5 | 9.5 | 9.5 | 9.5 | 0.04 | 0.04 |
| B8 | 11.2 | 11.4 | 11.3 | 0.10 | 0.07 | 7.19 | 0.2 | 0.14 | 10.4 | 10.2 | 10.3 | 9.8 | 9.6 | 9.7 | 0.08 | 0.08 |
| B10 | 11.2 | 11.3 | 11.3 | 0.10 | 0.07 | 7.19 | 0.1 | 0.07 | 10.3 | 10.2 | 10.3 | 9.8 | 9.7 | 9.7 | 0.04 | 0.04 |

| u=120 | Min [cm] | Max [cm] | Mean [cm] | Image [cm] | Magnification | v-calculated [cm] | Range [cm] | StDev | fmax [cm] | fmin [cm] | fmean [cm] | Pmax [D] | Pmin [D] | Pmean [D] | Pmax-Pmean [D] | Pmean-Pmin [D] |
|---|---|---|---|---|---|---|---|---|---|---|---|---|---|---|---|---|
| B1 | 11.1 | 11.1 | 11.1 | | | | 0.0 | 0.00 | 10.2 | 10.2 | 10.2 | 9.8 | 9.8 | 9.8 | 0.00 | 0.00 |
| B2 | 11.2 | 11.2 | 11.2 | | | | 0.0 | 0.00 | 10.2 | 10.2 | 10.2 | 9.8 | 9.8 | 9.8 | 0.00 | 0.00 |
| B8 | 11.0 | 11.0 | 11.0 | | | | 0.0 | 0.00 | 10.1 | 10.1 | 10.1 | 9.9 | 9.9 | 9.9 | 0.00 | 0.00 |
| B10 | 11.0 | 11.0 | 11.0 | | | | 0.0 | 0.00 | 10.1 | 10.1 | 10.1 | 9.9 | 9.9 | 9.9 | 0.00 | 0.00 |

2.1.2 Power only

| B1 | Pmean | Pmax-Pmean | Pmean-Pmin |
|---|---|---|---|
| 20 | 7.9 | 0.05 | 0.05 |
| 30 | 8.9 | 0.04 | 0.04 |
| 40 | 9.2 | 0.08 | 0.08 |
| 50 | 9.3 | 0.03 | 0.03 |
| 60 | 9.4 | 0.06 | 0.06 |
| 70 | 9.5 | 0.07 | 0.07 |
| 80 | 9.4 | 0.03 | 0.03 |
| 90 | 9.5 | 0.07 | 0.07 |
| 100 | 9.6 | 0.04 | 0.04 |
| 110 | 9.6 | 0.04 | 0.04 |
| 120 | 9.8 | 0.00 | 0.00 |

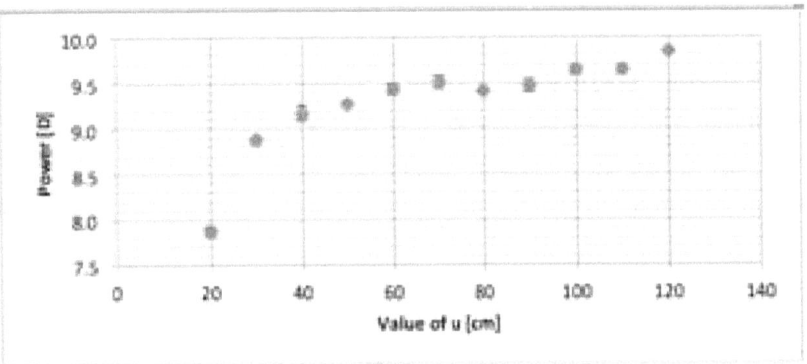


| B2 | Pmean | Pmax-Pmean | Pmean-Pmin |
|---|---|---|---|
| 20 | 7.9 | 0.04 | 0.04 |
| 30 | 8.8 | 0.04 | 0.04 |
| 40 | 9.1 | 0.08 | 0.08 |
| 50 | 9.3 | 0.03 | 0.03 |
| 60 | 9.3 | 0.06 | 0.06 |
| 70 | 9.4 | 0.03 | 0.03 |
| 80 | 9.3 | 0.03 | 0.03 |
| 90 | 9.4 | 0.04 | 0.04 |
| 100 | 9.5 | 0.04 | 0.04 |
| 110 | 9.5 | 0.04 | 0.04 |
| 120 | 9.8 | 0.00 | 0.00 |

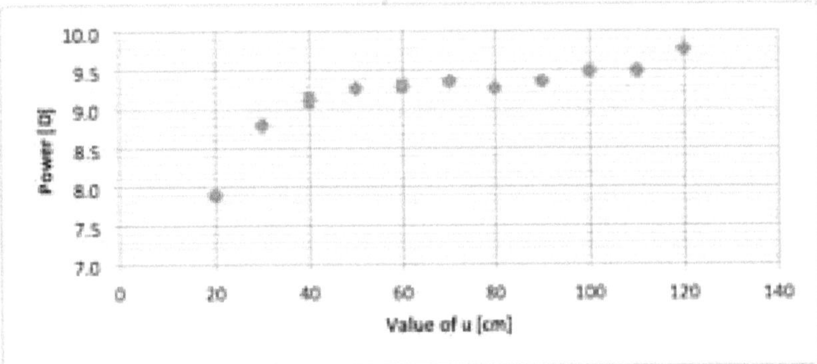


| B8 | Pmean | Pmax-Pmean | Pmean-Pmin |
|---|---|---|---|
| 20 | 7.9 | 0.03 | 0.03 |
| 30 | 9.0 | 0.04 | 0.04 |
| 40 | 9.4 | 0.08 | 0.08 |
| 50 | 9.4 | 0.06 | 0.06 |
| 60 | 9.6 | 0.07 | 0.07 |
| 70 | 9.7 | 0.07 | 0.07 |
| 80 | 9.6 | 0.04 | 0.04 |
| 90 | 9.6 | 0.04 | 0.04 |
| 100 | 9.7 | 0.08 | 0.08 |
| 110 | 9.7 | 0.08 | 0.08 |
| 120 | 9.9 | 0.00 | 0.00 |

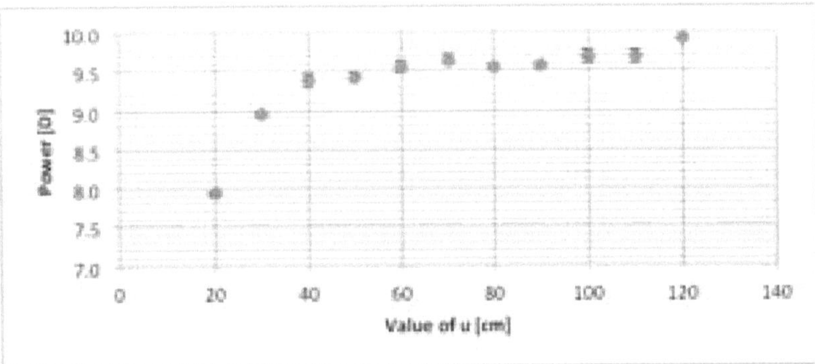


| B10 | Pmean | Pmax-Pmean | Pmean-Pmin |
|---|---|---|---|
| 20 | 8.2 | 0.04 | 0.04 |
| 30 | 9.0 | 0.06 | 0.06 |
| 40 | 9.4 | 0.06 | 0.06 |
| 50 | 9.4 | 0.06 | 0.06 |
| 60 | 9.5 | 0.07 | 0.07 |
| 70 | 9.7 | 0.07 | 0.07 |
| 80 | 9.6 | 0.07 | 0.07 |
| 90 | 9.7 | 0.04 | 0.04 |
| 100 | 9.8 | 0.08 | 0.08 |
| 110 | 9.7 | 0.04 | 0.04 |
| 120 | 9.7 | 0.00 | 0.00 |

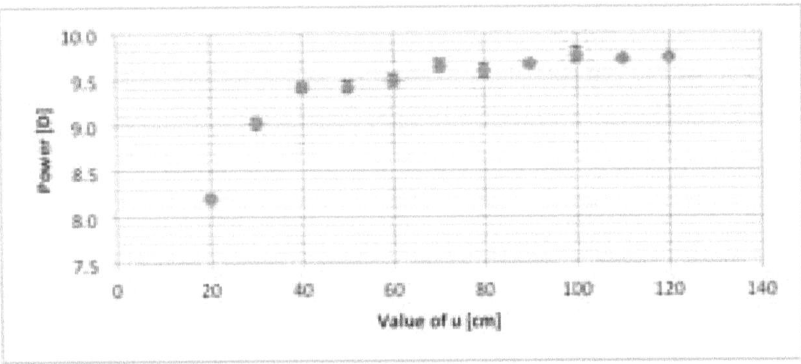

## 2.2 Red Lenses

### 2.2.1 All Data

| u=30 | Min [cm] | Max [cm] | Mean [cm] | Image [cm] | Magnification | v-calculated [cm] | Range [cm] | StDev | fmax [cm] | fmin [cm] | fmean [cm] | Pmax [D] | Pmin [D] | Pmean [D] | Pmax-Pmean [D] | Pmean-Pmin [D] |
|---|---|---|---|---|---|---|---|---|---|---|---|---|---|---|---|---|
| R1 | 59.1 | 60.4 | 59.8 | 2.94 | 1.92 | 57.65 | 1.3 | 0.92 | 20.0 | 19.9 | 20.0 | 5.0 | 5.0 | 5.0 | 0.02 | 0.02 |
| R2 | 58.7 | 59.4 | 59.1 | 2.89 | 1.89 | 56.67 | 0.7 | 0.49 | 19.9 | 19.9 | 19.9 | 5.0 | 5.0 | 5.0 | 0.01 | 0.01 |
| R3 | 56.4 | 57.6 | 57.0 | 2.85 | 1.86 | 55.88 | 1.2 | 0.85 | 19.7 | 19.6 | 19.7 | 5.1 | 5.1 | 5.1 | 0.02 | 0.02 |
| R4 | 59.8 | 60.8 | 60.3 | 2.95 | 1.93 | 57.84 | 1.0 | 0.71 | 20.1 | 20.0 | 20.0 | 5.0 | 5.0 | 5.0 | 0.01 | 0.01 |

| u=40 | Min [cm] | Max [cm] | Mean [cm] | Image [cm] | Magnification | v-calculated [cm] | Range [cm] | StDev | fmax [cm] | fmin [cm] | fmean [cm] | Pmax [D] | Pmin [D] | Pmean [D] | Pmax-Pmean [D] | Pmean-Pmin [D] |
|---|---|---|---|---|---|---|---|---|---|---|---|---|---|---|---|---|
| R1 | 39.5 | 40.1 | 39.8 | 1.45 | 0.95 | 37.91 | 0.6 | 0.42 | 20.0 | 19.9 | 19.9 | 5.0 | 5.0 | 5.0 | 0.02 | 0.02 |
| R2 | 39.4 | 39.8 | 39.6 | 1.50 | 0.98 | 39.22 | 0.4 | 0.28 | 19.9 | 19.8 | 19.9 | 5.0 | 5.0 | 5.0 | 0.01 | 0.01 |
| R3 | 38.8 | 39.4 | 39.1 | 1.44 | 0.94 | 37.65 | 0.6 | 0.42 | 19.8 | 19.7 | 19.8 | 5.1 | 5.0 | 5.1 | 0.02 | 0.02 |
| R4 | 39.9 | 40.3 | 40.1 | 1.51 | 0.99 | 39.48 | 0.4 | 0.28 | 20.1 | 20.0 | 20.0 | 5.0 | 5.0 | 5.0 | 0.01 | 0.01 |

| u=50 | Min [cm] | Max [cm] | Mean [cm] | Image [cm] | Magnification | v-calculated [cm] | Range [cm] | StDev | fmax [cm] | fmin [cm] | fmean [cm] | Pmax [D] | Pmin [D] | Pmean [D] | Pmax-Pmean [D] | Pmean-Pmin [D] |
|---|---|---|---|---|---|---|---|---|---|---|---|---|---|---|---|---|
| R1 | 32.6 | 33.1 | 32.9 | 1.01 | 0.66 | 33.01 | 0.5 | 0.35 | 19.9 | 19.7 | 19.8 | 5.1 | 5.0 | 5.0 | 0.02 | 0.02 |
| R2 | 33.1 | 33.4 | 33.3 | 1.03 | 0.67 | 33.66 | 0.3 | 0.21 | 20.0 | 19.9 | 20.0 | 5.0 | 5.0 | 5.0 | 0.01 | 0.01 |
| R3 | 33.0 | 33.3 | 33.2 | 1.02 | 0.67 | 33.33 | 0.3 | 0.21 | 20.0 | 19.9 | 19.9 | 5.0 | 5.0 | 5.0 | 0.01 | 0.01 |
| R4 | 33.2 | 33.3 | 33.3 | 1.00 | 0.65 | 32.68 | 0.1 | 0.07 | 20.0 | 20.0 | 20.0 | 5.0 | 5.0 | 5.0 | 0.00 | 0.00 |

| u=60 | Min [cm] | Max [cm] | Mean [cm] | Image [cm] | Magnification | v-calculated [cm] | Range [cm] | StDev | fmax [cm] | fmin [cm] | fmean [cm] | Pmax [D] | Pmin [D] | Pmean [D] | Pmax-Pmean [D] | Pmean-Pmin [D] |
|---|---|---|---|---|---|---|---|---|---|---|---|---|---|---|---|---|
| R1 | 30.0 | 30.1 | 30.1 | 0.75 | 0.49 | 29.41 | 0.1 | 0.07 | 20.0 | 20.0 | 20.0 | 5.0 | 5.0 | 5.0 | 0.01 | 0.01 |
| R2 | 29.8 | 30.0 | 29.9 | 0.75 | 0.49 | 29.41 | 0.2 | 0.14 | 20.0 | 19.9 | 20.0 | 5.0 | 5.0 | 5.0 | 0.01 | 0.01 |
| R3 | 29.4 | 29.8 | 29.6 | 0.70 | 0.46 | 27.45 | 0.4 | 0.28 | 19.9 | 19.7 | 19.8 | 5.1 | 5.0 | 5.0 | 0.02 | 0.02 |
| R4 | 30.3 | 30.5 | 30.4 | 0.75 | 0.49 | 29.41 | 0.2 | 0.14 | 20.2 | 20.1 | 20.2 | 5.0 | 4.9 | 5.0 | 0.01 | 0.01 |

| u=70 | Min [cm] | Max [cm] | Mean [cm] | Image [cm] | Magnification | v-calculated [cm] | Range [cm] | StDev | fmax [cm] | fmin [cm] | fmean [cm] | Pmax [D] | Pmin [D] | Pmean [D] | Pmax-Pmean [D] | Pmean-Pmin [D] |
|---|---|---|---|---|---|---|---|---|---|---|---|---|---|---|---|---|
| R1 | 28.0 | 28.2 | 28.1 | 0.63 | 0.41 | 28.82 | 0.2 | 0.14 | 20.1 | 20.0 | 20.1 | 5.0 | 5.0 | 5.0 | 0.01 | 0.01 |
| R2 | 27.8 | 28.1 | 28.0 | 0.59 | 0.39 | 26.99 | 0.3 | 0.21 | 20.1 | 19.9 | 20.0 | 5.0 | 5.0 | 5.0 | 0.02 | 0.02 |
| R3 | 27.5 | 27.7 | 27.6 | 0.60 | 0.39 | 27.45 | 0.2 | 0.14 | 19.8 | 19.7 | 19.8 | 5.1 | 5.0 | 5.1 | 0.01 | 0.01 |
| R4 | 28.1 | 28.3 | 28.2 | 0.60 | 0.39 | 27.45 | 0.2 | 0.14 | 20.2 | 20.1 | 20.1 | 5.0 | 5.0 | 5.0 | 0.01 | 0.01 |

| u=80 | Min [cm] | Max [cm] | Mean [cm] | Image [cm] | Magnification | v-calculated [cm] | Range [cm] | StDev | fmax [cm] | fmin [cm] | fmean [cm] | Pmax [D] | Pmin [D] | Pmean [D] | Pmax-Pmean [D] | Pmean-Pmin [D] |
|---|---|---|---|---|---|---|---|---|---|---|---|---|---|---|---|---|
| R1 | 26.5 | 26.9 | 26.7 | 0.50 | 0.33 | 26.14 | 0.4 | 0.28 | 20.1 | 19.9 | 20.0 | 5.0 | 5.0 | 5.0 | 0.03 | 0.03 |
| R2 | 26.6 | 26.8 | 26.7 | 0.46 | 0.30 | 24.05 | 0.2 | 0.14 | 20.1 | 20.0 | 20.0 | 5.0 | 5.0 | 5.0 | 0.00 | 0.01 |
| R3 | 26.3 | 26.5 | 26.4 | 0.51 | 0.33 | 26.67 | 0.2 | 0.14 | 19.9 | 19.8 | 19.8 | 5.1 | 5.0 | 5.0 | 0.01 | 0.01 |
| R4 | 26.9 | 27.0 | 27.0 | 0.49 | 0.32 | 25.62 | 0.1 | 0.07 | 20.2 | 20.1 | 20.2 | 5.0 | 5.0 | 5.0 | 0.01 | 0.01 |

| u=90 | Min [cm] | Max [cm] | Mean [cm] | Image [cm] | Magnification | v-calculated [cm] | Range [cm] | StDev | fmax [cm] | fmin [cm] | fmean [cm] | Pmax [D] | Pmin [D] | Pmean [D] | Pmax-Pmean [D] | Pmean-Pmin [D] |
|---|---|---|---|---|---|---|---|---|---|---|---|---|---|---|---|---|
| R1 | 25.6 | 25.8 | 25.7 | 0.40 | 0.26 | 23.53 | 0.2 | 0.14 | 20.1 | 19.9 | 20.0 | 5.0 | 5.0 | 5.0 | 0.02 | 0.02 |
| R2 | 25.6 | 25.7 | 25.7 | 0.45 | 0.29 | 26.47 | 0.1 | 0.07 | 20.0 | 19.9 | 20.0 | 5.0 | 5.0 | 5.0 | 0.01 | 0.01 |
| R3 | 25.3 | 25.5 | 25.4 | 0.47 | 0.31 | 27.65 | 0.2 | 0.14 | 19.9 | 19.7 | 19.8 | 5.1 | 5.0 | 5.0 | 0.02 | 0.02 |
| R4 | 26.0 | 26.1 | 26.1 | 0.47 | 0.31 | 27.65 | 0.1 | 0.07 | 20.2 | 20.2 | 20.2 | 5.0 | 4.9 | 4.9 | 0.01 | 0.01 |

| u=100 | Min [cm] | Max [cm] | Mean [cm] | Image [cm] | Magnification | v-calculated [cm] | Range [cm] | StDev | fmax [cm] | fmin [cm] | fmean [cm] | Pmax [D] | Pmin [D] | Pmean [D] | Pmax-Pmean [D] | Pmean-Pmin [D] |
|---|---|---|---|---|---|---|---|---|---|---|---|---|---|---|---|---|
| R1 | 25.1 | 25.2 | 25.2 | 0.41 | 0.27 | 26.80 | 0.1 | 0.07 | 20.1 | 20.1 | 20.1 | 5.0 | 5.0 | 5.0 | 0.01 | 0.01 |
| R2 | 25.0 | 25.2 | 25.1 | 0.36 | 0.24 | 23.53 | 0.2 | 0.14 | 20.1 | 20.0 | 20.1 | 5.0 | 5.0 | 5.0 | 0.02 | 0.02 |
| R3 | 24.6 | 24.8 | 24.7 | 0.37 | 0.24 | 24.18 | 0.2 | 0.14 | 19.9 | 19.7 | 19.8 | 5.1 | 5.0 | 5.0 | 0.02 | 0.02 |
| R4 | 24.7 | 24.8 | 24.8 | 0.36 | 0.24 | 23.53 | 0.1 | 0.07 | 19.9 | 19.8 | 19.8 | 5.0 | 5.0 | 5.0 | 0.01 | 0.01 |

| u=110 | Min [cm] | Max [cm] | Mean [cm] | Image [cm] | Magnification | v-calculated [cm] | Range [cm] | StDev | fmax [cm] | fmin [cm] | fmean [cm] | Pmax [D] | Pmin [D] | Pmean [D] | Pmax-Pmean [D] | Pmean-Pmin [D] |
|---|---|---|---|---|---|---|---|---|---|---|---|---|---|---|---|---|
| R1 | 24.4 | 24.5 | 24.5 | 0.33 | 0.22 | 23.73 | 0.1 | 0.07 | 20.0 | 20.0 | 20.0 | 5.0 | 5.0 | 5.0 | 0.01 | 0.01 |
| R2 | 24.3 | 24.5 | 24.4 | 0.32 | 0.21 | 23.01 | 0.2 | 0.14 | 20.0 | 19.9 | 20.0 | 5.0 | 5.0 | 5.0 | 0.02 | 0.02 |
| R3 | 24.3 | 24.4 | 24.4 | 0.32 | 0.21 | 23.01 | 0.1 | 0.07 | 20.0 | 19.9 | 19.9 | 5.0 | 5.0 | 5.0 | 0.01 | 0.01 |
| R4 | 24.5 | 24.6 | 24.6 | 0.32 | 0.21 | 23.01 | 0.1 | 0.071 | 20.1 | 20.0 | 20.1 | 5.0 | 5.0 | 5.0 | 0.01 | 0.01 |

| u=120 | Min [cm] | Max [cm] | Mean [cm] | Image [cm] | Magnification | v-calculated [cm] | Range [cm] | StDev | fmax [cm] | fmin [cm] | fmean [cm] | Pmax [D] | Pmin [D] | Pmean [D] | Pmax-Pmean [D] | Pmean-Pmin [D] |
|---|---|---|---|---|---|---|---|---|---|---|---|---|---|---|---|---|
| R1 | 24.0 | 24.0 | 24.0 | 0.26 | 0.17 | 20.39 | 0.0 | 0.00 | 20.0 | 20.0 | 20.0 | 5.0 | 5.0 | 5.0 | 0.00 | 0.00 |
| R2 | 23.9 | 23.9 | 23.9 | 0.25 | 0.16 | 19.61 | 0.0 | 0.00 | 19.9 | 19.9 | 19.9 | 5.0 | 5.0 | 5.0 | 0.00 | 0.00 |
| R3 | 23.8 | 23.8 | 23.8 | 0.30 | 0.20 | 23.53 | 0.0 | 0.00 | 19.8 | 19.8 | 19.8 | 5.0 | 5.0 | 5.0 | 0.00 | 0.00 |
| R4 | 24.1 | 24.1 | 24.1 | 0.28 | 0.18 | 21.96 | 0.0 | 0.00 | 20.1 | 20.1 | 20.1 | 5.0 | 5.0 | 5.0 | 0.00 | 0.00 |

### 2.2.2 Power only

| R1 | Pmean | Pmax-Pmean | Pmean-Pmin |
|---|---|---|---|
| 30 | 5.0 | 0.02 | 0.02 |
| 40 | 5.0 | 0.02 | 0.02 |
| 50 | 5.0 | 0.02 | 0.02 |
| 60 | 5.0 | 0.01 | 0.01 |
| 70 | 5.0 | 0.01 | 0.01 |
| 80 | 5.0 | 0.03 | 0.03 |
| 90 | 5.0 | 0.02 | 0.02 |
| 100 | 5.0 | 0.01 | 0.01 |
| 110 | 5.0 | 0.01 | 0.01 |
| 120 | 5.0 | 0.00 | 0.00 |

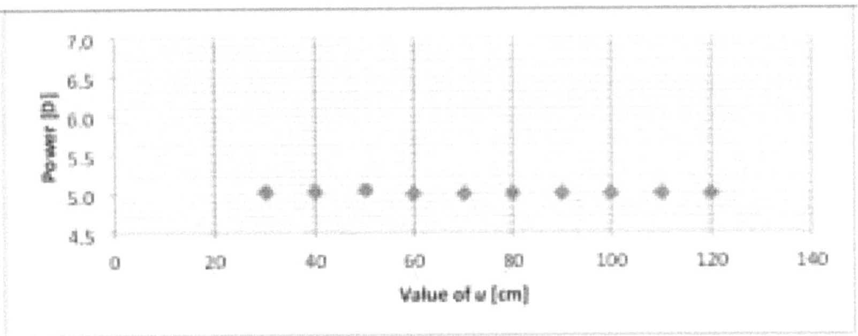


| R2 | Pmean | Pmax-Pmean | Pmean-Pmin |
|---|---|---|---|
| 30 | 5.0 | 0.01 | 0.01 |
| 40 | 5.0 | 0.01 | 0.01 |
| 50 | 5.0 | 0.00 | 0.00 |
| 60 | 5.0 | 0.01 | 0.01 |
| 70 | 5.0 | 0.02 | 0.02 |
| 80 | 5.0 | 0.01 | 0.01 |
| 90 | 5.0 | 0.01 | 0.01 |
| 100 | 5.0 | 0.02 | 0.02 |
| 110 | 5.0 | 0.02 | 0.02 |
| 120 | 5.0 | 0.00 | 0.00 |

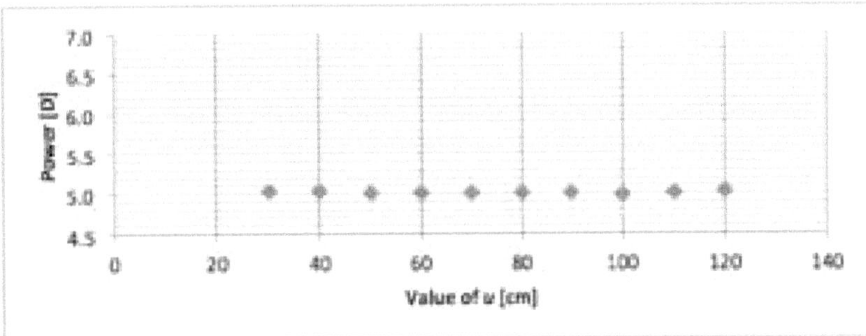


| R3 | Pmean | Pmax-Pmean | Pmean-Pmin |
|---|---|---|---|
| 30 | 5.1 | 0.02 | 0.02 |
| 40 | 5.1 | 0.02 | 0.02 |
| 50 | 5.0 | 0.01 | 0.01 |
| 60 | 5.1 | 0.02 | 0.02 |
| 70 | 5.1 | 0.01 | 0.01 |
| 80 | 5.0 | 0.01 | 0.01 |
| 90 | 5.1 | 0.02 | 0.02 |
| 100 | 5.1 | 0.02 | 0.02 |
| 110 | 5.0 | 0.01 | 0.01 |
| 120 | 5.0 | 0.00 | 0.00 |

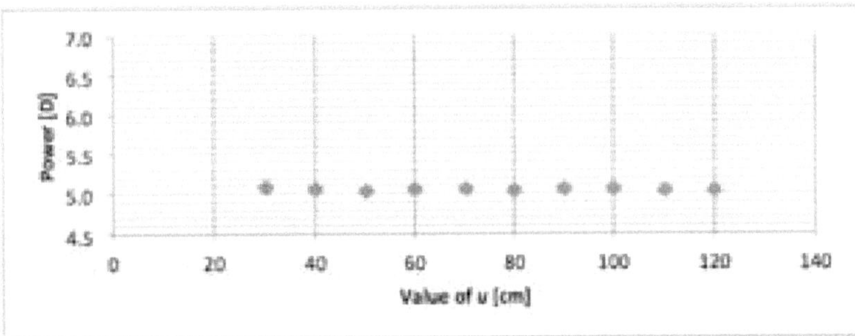


| R4 | Pmean | Pmax-Pmean | Pmean-Pmin |
|---|---|---|---|
| 30 | 5.0 | 0.01 | 0.01 |
| 40 | 5.0 | 0.01 | 0.01 |
| 50 | 5.0 | 0.01 | 0.01 |
| 60 | 5.0 | 0.01 | 0.01 |
| 70 | 5.0 | 0.01 | 0.01 |
| 80 | 5.0 | 0.01 | 0.01 |
| 90 | 5.0 | 0.01 | 0.01 |
| 100 | 5.0 | 0.01 | 0.01 |
| 110 | 5.0 | 0.01 | 0.01 |
| 120 | 5.0 | 0.00 | 0.00 |

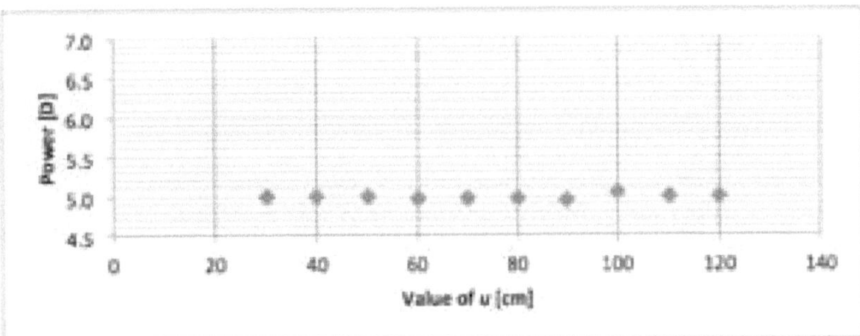

## 2.3 Orange Lenses

### 2.3.1 All Data

| u=10 | Min [cm] | Max [cm] | Mean [cm] | Image [cm] | Magnification | v-calculated [cm] | Range [cm] | StDev | fmax [cm] | fmin [cm] | fmean [cm] | Pmax [D] | Pmin [D] | Pmean [D] | Pmax-Pmean [D] | Pmean-Pmin [D] |
|---|---|---|---|---|---|---|---|---|---|---|---|---|---|---|---|---|
| O1 | 11.3 | 11.9 | 11.6 | 1.42 | 1.06 | 10.59 | 0.6 | 0.42 | 5.4 | 5.3 | 5.4 | 18.8 | 18.4 | 18.6 | 0.21 | 0.21 |
| O2 | 11.4 | 11.8 | 11.6 | 1.57 | 1.03 | 10.26 | 0.4 | 0.28 | 5.4 | 5.3 | 5.4 | 18.8 | 18.5 | 18.6 | 0.15 | 0.15 |
| O3 | 11.2 | 11.8 | 11.5 | 1.56 | 1.02 | 10.20 | 0.6 | 0.42 | 5.4 | 5.3 | 5.3 | 18.9 | 18.5 | 18.7 | 0.21 | 0.22 |
| O4 | 11.2 | 11.8 | 11.5 | 1.61 | 1.05 | 10.52 | 0.6 | 0.42 | 5.4 | 5.3 | 5.3 | 18.9 | 18.5 | 18.7 | 0.21 | 0.22 |

| u=20 | Min [cm] | Max [cm] | Mean [cm] | Image [cm] | Magnification | v-calculated [cm] | Range [cm] | StDev | fmax [cm] | fmin [cm] | fmean [cm] | Pmax [D] | Pmin [D] | Pmean [D] | Pmax-Pmean [D] | Pmean-Pmin [D] |
|---|---|---|---|---|---|---|---|---|---|---|---|---|---|---|---|---|
| O1 | 7.5 | 7.8 | 7.7 | 0.55 | 0.36 | 7.19 | 0.3 | 0.21 | 5.6 | 5.5 | 5.5 | 18.3 | 17.8 | 18.1 | 0.26 | 0.25 |
| O2 | 7.4 | 7.6 | 7.5 | 0.52 | 0.34 | 6.80 | 0.2 | 0.14 | 5.5 | 5.4 | 5.5 | 18.5 | 18.2 | 18.3 | 0.18 | 0.18 |
| O3 | 7.5 | 7.7 | 7.6 | 0.53 | 0.35 | 6.93 | 0.2 | 0.14 | 5.6 | 5.5 | 5.5 | 18.3 | 18.0 | 18.2 | 0.18 | 0.17 |
| O4 | 7.6 | 7.9 | 7.8 | 0.53 | 0.35 | 6.93 | 0.3 | 0.21 | 5.7 | 5.5 | 5.6 | 18.2 | 17.7 | 17.9 | 0.25 | 0.24 |

| u=30 | Min [cm] | Max [cm] | Mean [cm] | Image [cm] | Magnification | v-calculated [cm] | Range [cm] | StDev | fmax [cm] | fmin [cm] | fmean [cm] | Pmax [D] | Pmin [D] | Pmean [D] | Pmax-Pmean [D] | Pmean-Pmin [D] |
|---|---|---|---|---|---|---|---|---|---|---|---|---|---|---|---|---|
| O1 | 6.7 | 7.0 | 6.9 | 0.35 | 0.23 | 6.86 | 0.3 | 0.21 | 5.7 | 5.5 | 5.6 | 18.3 | 17.6 | 17.9 | 0.33 | 0.31 |
| O2 | 6.7 | 6.9 | 6.8 | 0.34 | 0.22 | 6.67 | 0.2 | 0.14 | 5.6 | 5.5 | 5.5 | 18.3 | 17.8 | 18.0 | 0.22 | 0.21 |
| O3 | 6.7 | 6.9 | 6.8 | 0.34 | 0.22 | 6.67 | 0.2 | 0.14 | 5.6 | 5.5 | 5.5 | 18.3 | 17.8 | 18.0 | 0.22 | 0.21 |
| O4 | 6.6 | 6.7 | 6.7 | 0.30 | 0.20 | 5.88 | 0.1 | 0.07 | 5.5 | 5.4 | 5.4 | 18.5 | 18.3 | 18.4 | 0.11 | 0.11 |

| u=40 | Min [cm] | Max [cm] | Mean [cm] | Image [cm] | Magnification | v-calculated [cm] | Range [cm] | StDev | fmax [cm] | fmin [cm] | fmean [cm] | Pmax [D] | Pmin [D] | Pmean [D] | Pmax-Pmean [D] | Pmean-Pmin [D] |
|---|---|---|---|---|---|---|---|---|---|---|---|---|---|---|---|---|
| O1 | 6.4 | 6.5 | 6.5 | 0.22 | 0.14 | 5.75 | 0.1 | 0.07 | 5.6 | 5.5 | 5.6 | 18.1 | 17.9 | 18.0 | 0.12 | 0.12 |
| O2 | 6.4 | 6.5 | 6.5 | 0.22 | 0.14 | 5.75 | 0.1 | 0.07 | 5.6 | 5.5 | 5.6 | 18.1 | 17.9 | 18.0 | 0.12 | 0.12 |
| O3 | 6.4 | 6.5 | 6.5 | 0.22 | 0.14 | 5.75 | 0.1 | 0.07 | 5.6 | 5.5 | 5.6 | 18.1 | 17.9 | 18.0 | 0.12 | 0.12 |
| O4 | 6.4 | 6.5 | 6.5 | 0.22 | 0.14 | 5.75 | 0.1 | 0.07 | 5.6 | 5.5 | 5.6 | 18.1 | 17.9 | 18.0 | 0.12 | 0.12 |

| u=50 | Min [cm] | Max [cm] | Mean [cm] | Image [cm] | Magnification | v-calculated [cm] | Range [cm] | StDev | fmax [cm] | fmin [cm] | fmean [cm] | Pmax [D] | Pmin [D] | Pmean [D] | Pmax-Pmean [D] | Pmean-Pmin [D] |
|---|---|---|---|---|---|---|---|---|---|---|---|---|---|---|---|---|
| O1 | 6.3 | 6.4 | 6.4 | 0.19 | 0.12 | 6.21 | 0.1 | 0.07 | 5.7 | 5.6 | 5.6 | 17.9 | 17.6 | 17.7 | 0.12 | 0.12 |
| O2 | 6.3 | 6.4 | 6.4 | 0.19 | 0.12 | 6.21 | 0.1 | 0.07 | 5.7 | 5.6 | 5.6 | 17.9 | 17.6 | 17.7 | 0.12 | 0.11 |
| O3 | 6.3 | 6.3 | 6.3 | 0.20 | 0.13 | 6.54 | 0.1 | 0.07 | 5.6 | 5.5 | 5.6 | 18.1 | 17.9 | 18.0 | 0.13 | 0.13 |
| O4 | 6.3 | 6.4 | 6.4 | 0.19 | 0.12 | 6.21 | 0.1 | 0.07 | 5.7 | 5.6 | 5.6 | 17.9 | 17.6 | 17.7 | 0.12 | 0.12 |

| u=60 | Min [cm] | Max [cm] | Mean [cm] | Image [cm] | Magnification | v-calculated [cm] | Range [cm] | StDev | fmax [cm] | fmin [cm] | fmean [cm] | Pmax [D] | Pmin [D] | Pmean [D] | Pmax-Pmean [D] | Pmean-Pmin [D] |
|---|---|---|---|---|---|---|---|---|---|---|---|---|---|---|---|---|
| O1 | 6.1 | 6.2 | 6.2 | 0.18 | 0.12 | 7.06 | 0.1 | 0.07 | 5.6 | 5.5 | 5.6 | 18.1 | 17.8 | 17.9 | 0.13 | 0.13 |
| O2 | 6.0 | 6.1 | 6.1 | 0.16 | 0.10 | 6.27 | 0.1 | 0.07 | 5.5 | 5.5 | 5.5 | 18.3 | 18.1 | 18.2 | 0.14 | 0.14 |
| O3 | 6.1 | 6.2 | 6.2 | 0.18 | 0.12 | 7.06 | 0.1 | 0.07 | 5.6 | 5.5 | 5.6 | 18.1 | 17.8 | 17.9 | 0.13 | 0.13 |
| O4 | 6.1 | 6.2 | 6.2 | 0.17 | 0.11 | 6.67 | 0.1 | 0.07 | 5.6 | 5.5 | 5.6 | 18.1 | 17.8 | 17.9 | 0.13 | 0.13 |

| u=70 | Min [cm] | Max [cm] | Mean [cm] | Image [cm] | Magnification | v-calculated [cm] | Range [cm] | StDev | fmax [cm] | fmin [cm] | fmean [cm] | Pmax [D] | Pmin [D] | Pmean [D] | Pmax-Pmean [D] | Pmean-Pmin [D] |
|---|---|---|---|---|---|---|---|---|---|---|---|---|---|---|---|---|
| O1 | 5.9 | 6.0 | 6.0 | 0.15 | 0.10 | 6.86 | 0.1 | 0.07 | 5.5 | 5.4 | 5.5 | 18.4 | 18.1 | 18.2 | 0.14 | 0.14 |
| O2 | 6.1 | 6.2 | 6.2 | 0.16 | 0.10 | 7.32 | 0.1 | 0.07 | 5.7 | 5.6 | 5.7 | 17.8 | 17.6 | 17.7 | 0.13 | 0.13 |
| O3 | 6.2 | 6.3 | 6.3 | 0.14 | 0.09 | 6.41 | 0.1 | 0.07 | 5.8 | 5.7 | 5.7 | 17.6 | 17.3 | 17.4 | 0.13 | 0.13 |
| O4 | 6.0 | 6.1 | 6.1 | 0.15 | 0.10 | 6.86 | 0.1 | 0.07 | 5.6 | 5.5 | 5.6 | 18.1 | 17.8 | 18.0 | 0.14 | 0.14 |

| u=80 | Min [cm] | Max [cm] | Mean [cm] | Image [cm] | Magnification | v-calculated [cm] | Range [cm] | StDev | fmax [cm] | fmin [cm] | fmean [cm] | Pmax [D] | Pmin [D] | Pmean [D] | Pmax-Pmean [D] | Pmean-Pmin [D] |
|---|---|---|---|---|---|---|---|---|---|---|---|---|---|---|---|---|
| O1 | 5.9 | 6.0 | 6.0 | 0.06 | 0.04 | 3.14 | 0.1 | 0.07 | 5.6 | 5.5 | 5.5 | 18.2 | 17.9 | 18.1 | 0.14 | 0.14 |
| O2 | 5.9 | 6.0 | 6.0 | 0.06 | 0.04 | 3.14 | 0.1 | 0.07 | 5.6 | 5.5 | 5.5 | 18.2 | 17.9 | 18.1 | 0.14 | 0.14 |
| O3 | 6.0 | 6.1 | 6.1 | 0.07 | 0.05 | 3.66 | 0.1 | 0.07 | 5.7 | 5.6 | 5.6 | 17.9 | 17.6 | 17.8 | 0.14 | 0.14 |
| O4 | 6.0 | 6.1 | 6.1 | 0.07 | 0.05 | 3.66 | 0.1 | 0.07 | 5.7 | 5.6 | 5.6 | 17.9 | 17.6 | 17.8 | 0.14 | 0.14 |

| u=90 | Min [cm] | Max [cm] | Mean [cm] | Image [cm] | Magnification | v-calculated [cm] | Range [cm] | StDev | fmax [cm] | fmin [cm] | fmean [cm] | Pmax [D] | Pmin [D] | Pmean [D] | Pmax-Pmean [D] | Pmean-Pmin [D] |
|---|---|---|---|---|---|---|---|---|---|---|---|---|---|---|---|---|
| O1 | 5.9 | 5.9 | 5.9 | 0.06 | 0.04 | 3.53 | 0.0 | 0.00 | 5.5 | 5.5 | 5.5 | 18.1 | 18.1 | 18.1 | 0.00 | 0.00 |
| O2 | 6.0 | 6.0 | 6.0 | 0.06 | 0.04 | 3.53 | 0.0 | 0.00 | 5.6 | 5.6 | 5.6 | 17.8 | 17.8 | 17.8 | 0.00 | 0.00 |
| O3 | 6.0 | 6.0 | 6.0 | 0.06 | 0.04 | 3.53 | 0.0 | 0.00 | 5.6 | 5.6 | 5.6 | 17.8 | 17.8 | 17.8 | 0.00 | 0.00 |
| O4 | 6.0 | 6.0 | 6.0 | 0.06 | 0.04 | 3.53 | 0.0 | 0.00 | 5.6 | 5.6 | 5.6 | 17.8 | 17.8 | 17.8 | 0.00 | 0.00 |

| u=100 | Min [cm] | Max [cm] | Mean [cm] | Image [cm] | Magnification | v-calculated [cm] | Range [cm] | StDev | fmax [cm] | fmin [cm] | fmean [cm] | Pmax [D] | Pmin [D] | Pmean [D] | Pmax-Pmean [D] | Pmean-Pmin [D] |
|---|---|---|---|---|---|---|---|---|---|---|---|---|---|---|---|---|
| O1 | 6.0 | 6.0 | 6.0 | | | | 0.0 | 0.00 | 5.7 | 5.7 | 5.7 | 17.7 | 17.7 | 17.7 | 0.00 | 0.00 |
| O2 | 6.0 | 6.0 | 6.0 | | | | 0.0 | 0.00 | 5.7 | 5.7 | 5.7 | 17.7 | 17.7 | 17.7 | 0.00 | 0.00 |
| O3 | 5.9 | 5.9 | 5.9 | | | | 0.0 | 0.00 | 5.6 | 5.6 | 5.6 | 17.9 | 17.9 | 17.9 | 0.00 | 0.00 |
| O4 | 5.9 | 5.9 | 5.9 | | | | 0.0 | 0.00 | 5.6 | 5.6 | 5.6 | 17.9 | 17.9 | 17.9 | 0.00 | 0.00 |

| u=110 | Min [cm] | Max [cm] | Mean [cm] | Image [cm] | Magnification | v-calculated [cm] | Range [cm] | StDev | fmax [cm] | fmin [cm] | fmean [cm] | Pmax [D] | Pmin [D] | Pmean [D] | Pmax-Pmean [D] | Pmean-Pmin [D] |
|---|---|---|---|---|---|---|---|---|---|---|---|---|---|---|---|---|
| O1 | 6.0 | 6.0 | 6.0 | | | | 0.0 | 0.00 | 5.7 | 5.7 | 5.7 | 17.6 | 17.6 | 17.6 | 0.00 | 0.00 |
| O2 | 5.9 | 5.9 | 5.9 | | | | 0.0 | 0.00 | 5.6 | 5.6 | 5.6 | 17.9 | 17.9 | 17.9 | 0.00 | 0.00 |
| O3 | 5.8 | 5.8 | 5.8 | | | | 0.0 | 0.00 | 5.5 | 5.5 | 5.5 | 18.2 | 18.2 | 18.2 | 0.00 | 0.00 |
| O4 | 5.8 | 5.8 | 5.8 | | | | 0.0 | 0.00 | 5.5 | 5.5 | 5.5 | 18.2 | 18.2 | 18.2 | 0.00 | 0.00 |

| u=120 | Min [cm] | Max [cm] | Mean [cm] | Image [cm] | Magnification | v-calculated [cm] | Range [cm] | StDev | fmax [cm] | fmin [cm] | fmean [cm] | Pmax [D] | Pmin [D] | Pmean [D] | Pmax-Pmean [D] | Pmean-Pmin [D] |
|---|---|---|---|---|---|---|---|---|---|---|---|---|---|---|---|---|
| O1 | 5.9 | 5.9 | 5.9 | | | | 0.0 | 0.00 | 5.6 | 5.6 | 5.6 | 17.8 | 17.8 | 17.8 | 0.00 | 0.00 |
| O2 | 5.9 | 5.9 | 5.9 | | | | 0.0 | 0.00 | 5.6 | 5.6 | 5.6 | 17.8 | 17.8 | 17.8 | 0.00 | 0.00 |
| O3 | 5.9 | 5.9 | 5.9 | | | | 0.0 | 0.00 | 5.6 | 5.6 | 5.6 | 17.8 | 17.8 | 17.8 | 0.00 | 0.00 |
| O4 | 6.0 | 6.0 | 6.0 | | | | 0.0 | 0.00 | 5.7 | 5.7 | 5.7 | 17.5 | 17.5 | 17.5 | 0.00 | 0.00 |

## 2.3.2 Power only

| O1 | Pmean | Pmax-Pmean | Pmean-Pmin |
|---|---|---|---|
| 10 | 18.6 | 0.23 | 0.23 |
| 20 | 18.1 | 0.26 | 0.26 |
| 30 | 17.9 | 0.33 | 0.33 |
| 40 | 18.0 | 0.12 | 0.12 |
| 50 | 17.8 | 0.12 | 0.12 |
| 60 | 17.0 | 0.13 | 0.13 |
| 70 | 18.2 | 0.14 | 0.14 |
| 80 | 18.1 | 0.14 | 0.14 |
| 90 | 18.1 | 0.00 | 0.00 |
| 100 | 17.7 | 0.00 | 0.00 |
| 110 | 17.6 | 0.00 | 0.00 |
| 120 | 17.8 | 0.00 | 0.00 |

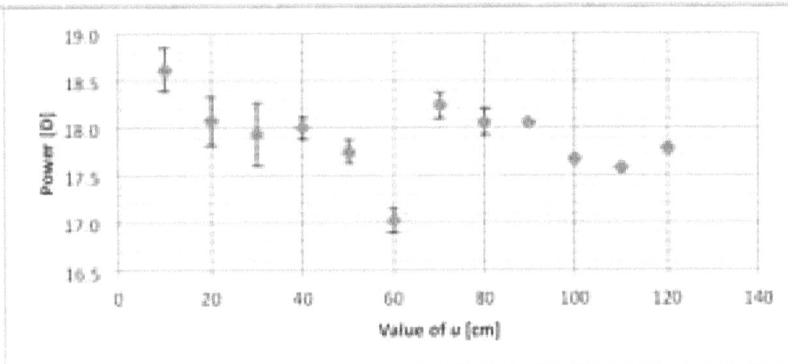


| O2 | Pmean | Pmax-Pmean | Pmean-Pmin |
|---|---|---|---|
| 10 | 18.6 | 0.15 | 0.15 |
| 20 | 18.3 | 0.18 | 0.18 |
| 30 | 18.0 | 0.22 | 0.22 |
| 40 | 18.0 | 0.12 | 0.12 |
| 50 | 17.8 | 0.12 | 0.12 |
| 60 | 18.2 | 0.14 | 0.14 |
| 70 | 17.7 | 0.13 | 0.13 |
| 80 | 18.1 | 0.14 | 0.14 |
| 90 | 17.8 | 0.00 | 0.00 |
| 100 | 17.7 | 0.00 | 0.00 |
| 110 | 17.9 | 0.00 | 0.00 |
| 120 | 17.8 | 0.00 | 0.00 |

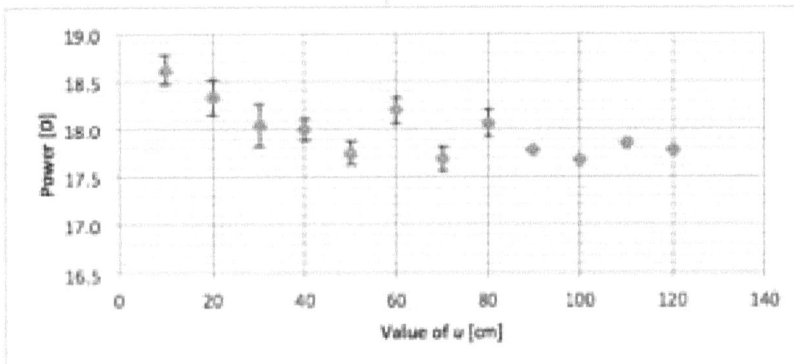


| O3 | Pmean | Pmax-Pmean | Pmean-Pmin |
|---|---|---|---|
| 10 | 18.7 | 0.23 | 0.23 |
| 20 | 18.2 | 0.18 | 0.18 |
| 30 | 18.0 | 0.22 | 0.22 |
| 40 | 18.0 | 0.12 | 0.12 |
| 50 | 18.0 | 0.13 | 0.13 |
| 60 | 17.9 | 0.13 | 0.13 |
| 70 | 17.4 | 0.13 | 0.13 |
| 80 | 17.8 | 0.14 | 0.14 |
| 90 | 17.8 | 0.00 | 0.00 |
| 100 | 18.0 | 0.00 | 0.00 |
| 110 | 18.2 | 0.00 | 0.00 |
| 120 | 17.8 | 0.00 | 0.00 |

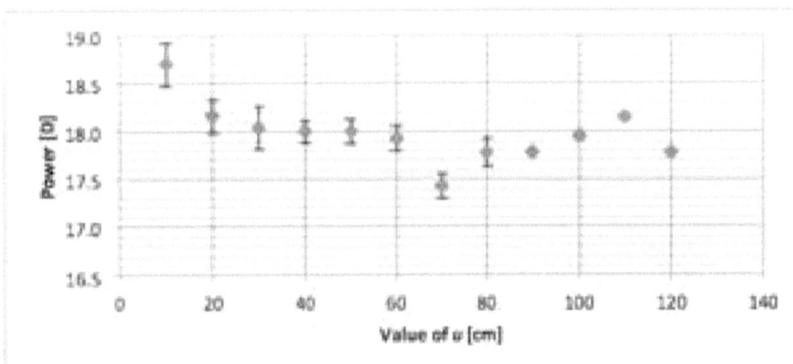


| O4 | Pmean | Pmax-Pmean | Pmean-Pmin |
|---|---|---|---|
| 10 | 18.7 | 0.23 | 0.23 |
| 20 | 17.9 | 0.25 | 0.25 |
| 30 | 18.4 | 0.11 | 0.11 |
| 40 | 18.0 | 0.12 | 0.12 |
| 50 | 17.8 | 0.12 | 0.12 |
| 60 | 17.9 | 0.13 | 0.13 |
| 70 | 18.0 | 0.14 | 0.14 |
| 80 | 17.8 | 0.14 | 0.14 |
| 90 | 17.8 | 0.00 | 0.00 |
| 100 | 18.0 | 0.00 | 0.00 |
| 110 | 18.2 | 0.00 | 0.00 |
| 120 | 17.5 | 0.00 | 0.00 |

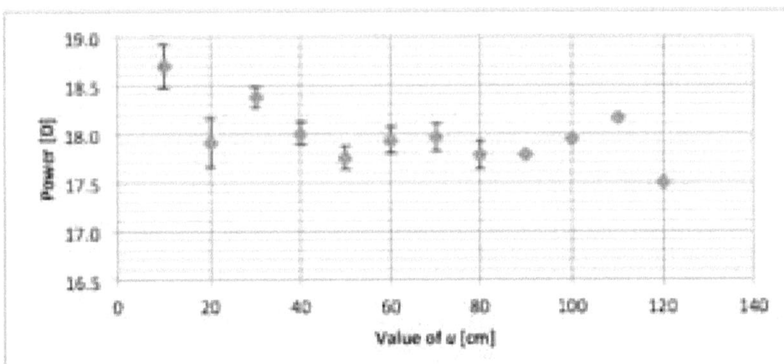